新时代科技特派员赋能乡村振兴答疑系列

XINSHIDAI KEJI TEPAIYUAN FUNENG XIANGCUN ZHENXING DAYI XILIE

小龙虾生态养殖技术

有问必答

XIAOLONGXIA SHENGTAI YANGZHI JISHU YOUWEN BIDA

山东省科学技术厅
山东省农业科学院　组编
山　东　农　学　会

王　慧　主编

U0256186

中国农业出版社
农村读物出版社
北京

组编单位

山东省科学技术厅

山东省农业科学院

山东农学会

编审委员会

主　　任：唐　波　李长胜　万书波

副 主 任：于书良　张立明　刘兆辉　王守宝

委　　员（以姓氏笔画为序）：

丁兆军　王　慧　王　磊　王淑芬

刘　霞　孙立照　李　勇　李百东

李林光　杨英阁　杨赵河　宋玉丽

张　正　张　伟　张希军　张晓冬

陈业兵　陈英凯　赵海军　宫志远

程　冰　穆春华

组织策划

张　正　宋玉丽　刘　霞　杨英阁

🎧 本书编委会

主　编：王　慧

副主编：慕翠敏　于兰萍　陈端端

参　编：郭雷锋　王守全　茹媛媛

　　　　韩咏梅　周玉军　闫　行

序 PREFACE

　　农业是国民经济的基础，没有农村的稳定就没有全国的稳定，没有农民的小康就没有全国人民的小康，没有农业的现代化就没有整个国民经济的现代化。科学技术是第一生产力。习近平总书记2013年视察山东时首次作出"给农业插上科技的翅膀"的重要指示；2018年6月，总书记视察山东时要求山东省"要充分发挥农业大省优势，打造乡村振兴的齐鲁样板，要加快农业科技创新和推广，让农业借助科技的翅膀腾飞起来"。习近平总书记在山东提出系列关于"三农"的重要指示精神，深刻体现了总书记的"三农"情怀和对山东加快引领全国农业现代化发展再创佳绩的殷切厚望。

　　发端于福建南平的科技特派员制度，是由习近平总书记亲自总结提升的农村工作重大机制创新，是市场经济条件下的一项新的制度探索，是新时代深入推进科技特派员制度的根本遵循和行动指南，是创新驱动发展战略和乡村振兴战略的结合点，是改革科技体制、调动广大科技人员创新活力的重要举措，是推动科技工作和科技人员面向经济发展主战场的务实方法。多年来，这项制度始终遵循市场经济规律，强调双向选择，构建利益共同体，引导广大科技人员把论文写在大地上，把科研创新转化为实践成果。2019年10月，习近平总书记对科技特派员制度推行20周年专门作出重要批示，指出"创新是乡村全面振兴的重要支撑，要坚持把科技特派员制度作为科技创新人才服务乡村振兴的重要工作进一步抓实抓好。广大科技特派员要秉持初心，在科技助力脱贫攻坚和乡村振兴中不断作出新的更大的贡献"。

　　山东是一个农业大省，"三农"工作始终处于重要位置。一直以来，山东省把推行科技特派员制度作为助力脱贫攻坚和乡村振兴的重要抓手，坚持以服务"三农"为出发点和落脚点、以科技人才为主体、以科技成果为纽带，点亮农村发展的科技之光，架通农民增收致富的桥梁，延长农业产业链条，努力为农业插上科技的翅膀，取得了比较明显的成效。加快先进技术成果转化应用，为农村产业发展增添新"动力"。各级各部门积极搭建科技服务载体，通过政府选派、双向选择等方式，强化高等院校、科研院所和各类科技服务机构与农业农村的连接，实现了技术咨询即时化、技术指导专业化、服务基层常态化。自科技特派员制度推行以来，山东省累计选派科技特派员2万余名，培训农民968.2万人，累计引进推广新技术2872项、新品种2583个，推送各类技术信息23万多条，惠及农民3亿多人次。广大科技特派员通过技术指导、科技培训、协办企业、建设基地等有效形式，把新技术、新品种、新模式等创新要素输送到农村基层，有效解决了农业科技"最后一公里"问题，推动了农民增收、农业增效和科技扶贫。

为进一步提升农业生产一线人员专业理论素养和生产实用技术水平，山东省科学技术厅、山东省农业科学院和山东农学会联合，组织长期活跃在农业生产一线的相关高层次专家编写了"新时代科技特派员赋能乡村振兴答疑系列"丛书。该丛书涵盖粮油作物、菌菜、林果、养殖、食品安全、农村环境、农业物联网等领域，内容全部来自各级科技特派员服务农业生产实践一线，集理论性和实用性为一体，对基层农业生产具有较强的指导性，是生产实际和科学理论结合比较紧密的实用性很强的致富手册，是培训农业生产一线技术人员和职业农民理想的技术教材。希望广大科技特派员再接再厉，继续发挥农业生产一线科技主力军的作用，为打造乡村振兴齐鲁样板提供"才智"支撑。

2020 年 3 月

前言 FOREWORD

党的十九大报告指出，农业农村农民问题是关系国计民生的根本性问题，必须始终把解决好"三农"问题作为全党工作的重中之重，实施乡村振兴战略。

2019年10月，习近平总书记对科技特派员制度推行20周年作出重要指示并指出，创新是乡村全面振兴的重要支撑，要坚持把科技特派员制度作为科技创新人才服务乡村振兴的重要工作进一步抓实抓好。广大科技特派员要秉持初心，在科技助力脱贫攻坚和乡村振兴中不断作出新的更大的贡献。

为了落实党中央、国务院关于实施乡村振兴战略的决策部署，深入学习贯彻习近平总书记关于科技特派员工作的重要指示精神，促进山东省科技特派员为推动乡村振兴发展、助力打赢脱贫攻坚战和新时代下农业高质量发展提供强有力的支撑，山东省科学技术厅联合山东省农业科学院和山东农学会，组织相关力量编写了"新时代科技特派员赋能乡村振兴答疑系列"丛书之《小龙虾生态养殖技术有问必答》。本书共分十一章，内容涵盖淡水虾养殖品种的选择，淡水虾的营养价值，我国淡水虾的产业发展现状，稻渔、稻虾综合种养主要模式，我国小龙虾的品牌培

1

育状况和发展趋势，淡水螯虾的分布与生态习性，淡水小龙虾的蜕壳与生长发育规律，淡水小龙虾养殖技术，稻虾共作、连作或轮作综合种养技术，藕虾综合种养模式，澳洲淡水龙虾养殖技术等内容。

本书的编写本着强烈的敬业心和责任感，广泛查阅、分析、整理了相关文献资料，紧密结合实践经验，以求做到内容的科学性、实用性和创新性。在本书编写过程中，得到了有关领导和兄弟单位的大力支持，许多科研人员提供了丰富的研究资料和宝贵建议，有些做了大量辅助性工作。在此，谨向他们表示衷心的感谢！

由于时间仓促、水平有限，本书疏漏之处在所难免，恳请读者批评指正。

编　者

2020 年 3 月

目录 CONTENTS

第九章　稻虾共作、连作或轮作综合种养技术

第十章　藕虾综合种养模式

第十一章 ▶ 澳洲淡水龙虾养殖技术

第一章 淡水虾养殖品种的选择

1. 适合淡水养殖的经济虾类的优良品种有哪些?

适合在淡水池塘养殖的优良虾类品种主要有三大类。第一类是原来就生活在天然淡水中的虾类,如克氏原螯虾、澳洲淡水龙虾、日本沼虾、海南沼虾、罗氏沼虾、秀丽白虾、安氏白虾、细足米虾、中华米虾(黑壳虾)、中华新米虾(草虾)和中华小长臂虾等,这类淡水沼虾或螯虾类可以直接养殖在淡水池塘中,具有生长快、适应性强、效益好等特点。第二类是本来生活在海水中、经过淡化驯化后可以在淡水中养殖的广盐性虾类,如刀额新对虾、南美白对虾和南美蓝对虾等,但是其繁殖活动仍然要在海水中进行,这类虾适合规模化、工业化、高密度养殖,养殖效益高,是当前工厂化养殖的主要品种。第三类是在天然海水中生存的海水对虾,虽然也是广盐性虾,但是不能在极低盐度或纯淡水中生存,可以在半咸水或盐度较低的水体中生存,如斑节对虾、脊尾白虾、中国明对虾和日本囊对虾等。

克氏原螯虾(左)、日本沼虾(中)与澳洲淡水龙虾(右)都有钳状的螯肢

斑节对虾、日本对虾和南美白对虾的含肉率高,分别依次为

日本对虾

58.6%、58.2%和56.7%。斑节对虾俗称花虾、草虾，联合国粮食及农业组织通称其为大虎虾，是对虾类中最大型的品种，成虾体长一般为21～32厘米，体重为130～211克，生长快，摄食力强，比较耐高温，耐低氧。但是其对低温的适应力较弱，出肉率低于中国对虾，体壳厚实，经得起捉拿运输，离水后耐干能力很强，活虾可以长途运输。

斑节对虾（左）和南美白对虾成虾（右）

　中国对虾，又名东方对虾，体形偏长扁，体色青灰，较透明，属对虾科对虾属，是大型洄游型的对虾。雌性成虾体全长18.0～23.5厘米，雄性成虾体全长13～17厘米。中国对虾是广温性和广盐性的暖水性大虾，寿命一般只有1年，是我国最早养殖的优良对虾品种，曾经因为病害严重而陆续被其他的对虾品种取代。中国对虾自然生活在海水中，体色偏黄的为雄虾，体色偏青的为雌虾，天然海水捕捞的体重多在30～50克。其肉质鲜美，营养价值高，出肉率高，品质优、价格高。河北省唐山市曹妃甸于

2019 年被中国水产流通与加工协会授予"中国东方对虾之乡"的称号。

2. **澳洲淡水龙虾的养殖特性有哪些?**

澳洲淡水龙虾,虽然称为龙虾,但是其在分类上不属于龙虾类,属于螯虾类,又名红螯螯虾,与淡水小龙虾相似,其头部具有一对钳状的强壮螯肢。澳洲淡水龙虾的个体要比小龙虾大很多,因此,生长速度也比小龙虾快得多,最大体重可达 750 克,在适宜的水体中养殖 3 个月体重可达 200 克左右。澳洲淡水龙虾的适应性较强,耐盐性广,能够耐受 15‰~20‰ 含盐量的水体。食性杂,易于驯化摄食人工饵料,比较容易养殖。其产量高,耐干能力强,便于长途运输,可以无水空运。

澳洲淡水龙虾的亲虾(左)与抱卵虾(中)和秋繁 F_1 代越冬后的亚成虾(右)

澳洲淡水龙虾的繁殖率较高,繁殖技术比较容易掌握。但是由于澳洲淡水龙虾是热带虾类,对温度有要求,高于 15 ℃ 以上才摄食生长,低于 10 ℃ 会停止摄食,长期低于 10 ℃ 会被冻死。因此,在我国北方的冬季,只能在温室大棚里养殖。澳洲淡水龙虾有占地盘的习性,生长伴随着蜕壳,蜕壳时易被攻击而死亡。因此,养殖密度不能太大,池塘里要有足够多的水草、洞穴和瓦块等遮蔽物,供其栖息、蜕壳、躲避敌害和强光。

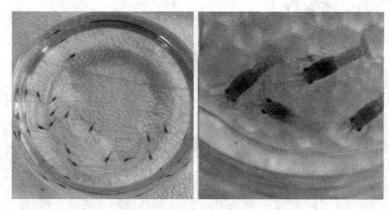

澳洲淡水龙虾的仔虾与幼虾

3. 淡水小龙虾（克氏原螯虾）的养殖特性有哪些？

淡水小龙虾，学名为克氏原螯虾，在我国分布极为广泛，是一种外来入侵物种，喜欢生存在湖泊、河流、水库的浅水区域和各类水草丰富的池塘、湿地、浅水湖泊中，生长快，食性杂，适应性强，养殖周期短，一般养殖 2～6 个月即可达到商品虾的规格，对温度和盐度都有较强的适应性，当温度或环境不适宜时，容易攀爬逃逸或者掘洞休眠。等到环境适宜时再复苏、繁殖、爬出洞穴。小

小龙虾商品虾

龙虾的寿命不长，多在16～18个月，应该及时捞捕上市，否则容易自然死亡。小龙虾有占地域行为，经常相互攻击而造成断肢伤残，因此，养殖密度不能太大。近年来，小龙虾的养殖业发展迅猛，养殖技术日臻成熟，苗种容易获得。

春季抱卵繁殖后年老体弱的小龙虾（左）与活力旺盛的小龙虾苗种（右）

4. 养殖淡水虾的市场前景如何？

淡水虾类是人类的优质蛋白源食品，是公认的营养丰富的高档水产品，具有肉味鲜美、高蛋白、低脂肪、富含矿物质和微量元素等优良的肉食品特性，尤其是同时含有对人体健康非常有益的DHA（二十二碳六烯酸）和EPA（二十碳五烯酸）等 $\omega-3$ 不饱和脂肪酸和虾青素等。$\omega-3$ 不饱和脂肪酸能促进甘油三酯的降解，维护心脏功能，且对多种疾病有疗效。常吃小龙虾的人得心血管类疾病比例小，就是因为水产品中的 $\omega-3$ 不饱和脂肪酸能减少血脂浓度、增强细胞功能。源于水产品的 DHA 和 EPA 比来源于植物油的 α-亚麻酸（ALA）更有益于健康。淡水虾还含有虾青素，具有清除体内自由基、健脑强身等食疗的功效。淡水虾的必需氨基酸含量较全面，且比例恰当，有增强免疫力的功效。虾中含有丰富的矿物质和微量元素，其所含有的镁对心脏生理功能的发挥具有十分重要的调节作用，可减少血液中胆固醇的含量，预防动脉硬化，还能扩张冠状动脉，利于降低血压及预防心肌梗死等。虾壳不能直接被人体消化，但是，加工后有多种药用价值，可以制备甲壳素、壳聚糖等珍贵原料，壳聚糖具有消炎、杀菌、止血、吸附色素和清除自由基等功能。虾肉味道鲜美，有多种加工烹饪方法，如十三香小龙虾、蒜蓉小龙虾、油焖小龙虾和麻辣小龙虾等。这些特殊调料的烹饪技术把整个香料市场都带得火爆起来。

　　虾类体外都有坚硬的甲壳保护，因此，其耐干的能力均较强，离水存活时间长，耐长途运输，一般在离水、低温的情况下，7天内都可以保活，在不受挤压的情况下，72小时运输的成活率高达90％以上。因此，淡水虾的养殖前景十分广阔。

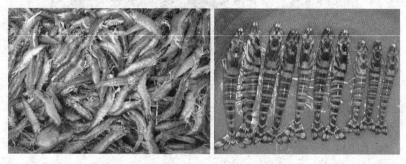

工厂化养殖的南美白对虾（左）和日本对虾（右）

第二章　淡水虾的营养价值

5. 小龙虾与鱼肉和畜禽肉相比，其营养价值如何？

小龙虾具有较高的营养价值，属于高蛋白、低脂肪和低热量的优质水产品，其每 100 克可食部分中，含蛋白质 18.6 克、脂肪 1.6 克、糖类 0.8 克。含有 20 多种氨基酸，尤其是含有 8 种人体必需的氨基酸，如精氨酸、赖氨酸、异亮氨酸、色氨酸、苯丙氨酸、缬氨酸、苏氨酸等，其肌肉中氨基酸的组成优于猪肉、牛肉、羊肉、鸡肉；还含有 ω-3 不饱和脂肪酸、矿物质、微量元素（如铁、钙、锰）和虾青素等。

小龙虾与加工后的小龙虾美食

与鱼肉相比，小龙虾肉所含的缬氨酸含量并不高，但仍是 8 种必需氨基酸含量与比例均衡的优质蛋白质源食品。虾肉中含有甘氨酸等甜味氨基酸，使其肉质鲜甜甘美。

与鱼肉和禽肉相比，小龙虾肉中的脂肪含量较少，并且几乎不含动物糖质；虾黄和肝脏中的胆固醇含量较高，并且含有牛磺酸和丰富的钾、碘、镁、磷等微量元素、虾青素和维生素 A 等营养素，因此，小龙虾具有药用价值和食疗作用，民间普遍认为吃小龙虾有益于身体健康。小龙虾以肉味鲜美、营养丰富而逐渐成为人们餐桌上的佳肴美食，受到越来越多的消费者青睐，其商品价值越来越高。

6. 澳洲淡水龙虾与淡水小龙虾相比，虾肉营养成分的差异有哪些？

澳洲淡水龙虾与淡水小龙虾一样，都属于螯虾类，都有很高的营养价值。比较澳洲淡水龙虾与淡水小龙虾，其虾肉中的营养成分有明显差异。检测结果表明，澳洲淡水龙虾的出肉率、粗灰分含量明显高于淡水小龙虾，但是其肉粗蛋白含量低于淡水小龙虾。

澳洲淡水龙虾和淡水小龙虾肉中 17 种氨基酸总含量分别为 15.6％和 14.6％；8 种必需氨基酸总含量分别占总氨基酸含量的 36.4％和 36.5％；必需氨基酸指数（EAAI）分别为 72.6 和 69.2；澳洲淡水龙虾含有的甘氨酸比例较高，与淡水小龙虾相比，虾肉的风味没有明显差异。

脂肪酸检测结果表明，淡水小龙虾肉所含有的脂肪酸种类多于澳洲淡水龙虾；但是澳洲淡水龙虾肉中不饱和脂肪酸的含量比淡水小龙虾多一些，说明澳洲淡水龙虾和淡水小龙虾的营养价值各有特色，都是对人类健康有益的优质蛋白源肉食品。

淡水小龙虾抱卵虾（左）与正在蜕壳的澳洲淡水龙虾（右）

7. 小龙虾体内的重金属含量是否超标?

　　长期以来，人们一直对小龙虾体内的重金属含量是否超标存有疑问。对此，有关部门对各地养殖水体中的小龙虾进行了多次采样，对小龙虾可食用部分的虾尾肉、螯肢肉、头胸部的虾黄和肝胰脏，以及不可食部分的肠道、嘴壳等外壳部分都进行了检测。结果表明，小龙虾螯肢肉和虾尾肉中的铅、镉、无机砷（总砷）、甲基汞（总汞）和铬的检测结果均低于国家强制标准 GB 2762—2017 的限量要求；虾黄中的铅、无机砷、甲基汞（总汞）和铬的检测结果也都低于标准限量要求。即使是最容易蓄积重金属的甲壳和虾肠等非可食用部分中的重金属含量，也都没有超过标准限量。比较而言，重金属含量以虾肠中的最高，其次是虾黄和甲壳中，均明显地高于虾肉等可食用部分，因此，食用虾肉是安全的，完全可以放心食用煮熟的虾尾和螯肢中的肉。虾黄中的重金属含量高于虾肉，如想减少重金属摄入的风险，可考虑减少食用头胸部的虾黄和肝胰等部分。

第三章　我国淡水虾的产业发展现状

8. **我国淡水小龙虾的来源及其分布情况如何？**

淡水小龙虾在分类上属于螯虾，俗称红色沼泽螯虾、克氏螯虾等，学名为克氏原螯虾，原产于北美洲。1918 年引入日本，1929年经日本引入中国，最初引入南京与滁州的交界处。小龙虾适应性强，可以缓慢爬行，在冬天和环境恶劣时可以打洞，在洞穴里休眠，待环境适宜时再复苏、生长和繁殖，其群体的自然繁殖率较高，因此，小龙虾的分布区域在逐渐扩大。如今的小龙虾分布区已经遍及我国大江南北，除了西藏以外，其余各地几乎都有小龙虾的分布。

9. **我国小龙虾的主产区在哪些省份？**

近年来，我国小龙虾的养殖区域逐渐拓展。2016 年，小龙虾的主要养殖区域是长江中下游流域的湖北、江苏、安徽、湖南、江西、浙江等省。

2017 年，小龙虾产业发达的省份拓展到 20 个左右，如湖北、安徽、湖南、江苏、江西、河南、四川、山东、浙江、重庆、云南、广东、广西、福建、贵州、上海、宁夏、新疆、河北等。

2018 年，稻虾综合种养迅速崛起，除了西藏以外，全国各地几乎都有了小龙虾养殖。总产量排名前五位的省份依次为：湖北、湖南、安徽、江苏、江西。

10. **我国小龙虾近年来的养殖规模和总产值是多少？**

近年来，我国的小龙虾产业已经发展成为最具活力、潜力和特色的朝阳产业，养殖规模逐年扩大。2017 年，小龙虾总养殖面积突破1 000万亩*，养殖总产量为112.97万吨，经济总产值突破2 600亿元。其中，湖北省的总产量最高，达63.16万吨，占全国总产量的55.91%；安徽省总产量为13.77万吨；湖南省为13.57万吨；江苏省为11.54万吨；江西省为7.44万吨，上述5个省的总产量合计达109.48万吨，占全国总产量的96.91%。其中第一产业即养殖业的产值为485亿元，以加工业为主的第二产业产值为200亿元，以餐饮为主的第三产业产值最高，约2 000亿元，三个产业的产值分别占全社会经济总产值的18.06%、7.45%和74.49%。

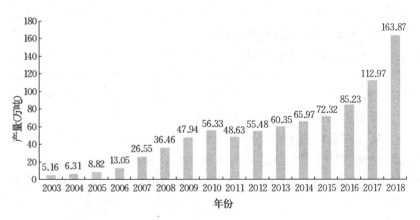

我国2003—2018年小龙虾的年产量

2018年，我国小龙虾养殖面积突破1 680万亩，产量达163.87万吨，全社会经济总产值约3 690亿元，同比增长37.5%。其中，第一产业即养殖业的总产值为680亿元；以加工业为主的第二产业总产值为284亿元；以餐饮为主的第三产业总产值达2 726亿元。小龙虾养殖总面积中，稻虾养殖模式的占比最大，产量为118.65万吨，养殖面积为1 261万亩。产量排名第一位的为湖北省，达

---

* 亩为非法定计量单位，1亩≈667平方米。

81.24 万吨，其产量约占全国总产量的一半；产量排名第 2～5 位的四个省依次为：湖南省（23.76 万吨）、安徽省（21.75 万吨）、江苏省（16.68 万吨）、江西省（11.02 万吨）。

11. 我国稻渔综合种养产业发达的是哪些省？

近年来，我国稻渔综合种养产业规模不断提高，2018 年稻渔综合种养面积达到 3 200 万亩，首次突破 3 000 万亩，产量突破 230 万吨。养殖面积排列前 10 位的省依次为湖北、四川、湖南、江苏、安徽、贵州、云南、江西、辽宁、黑龙江。其中，湖北、四川、湖南、江苏、安徽、贵州、云南、江西 8 个省的稻渔综合种养面积超过 100 万亩。湖北（589.75 万亩）、四川（468.34 万亩）、湖南（450.22 万亩）3 省面积占比接近一半。

从稻渔综合种养面积分布来看，以稻虾综合种养的面积最大，占 49.67%，几乎占到全国稻渔总面积的一半；其次为稻鱼综合种养面积，占 43.67%；稻蟹综合种养、稻鳖综合种养及其他模式的占比分别为 4.97%、1.00% 和 0.69%。

从水产品产量上看，稻虾综合种养产量占全国稻渔综合种养总产量的 62.31%，其余依次为稻鱼综合种养（占 32.38%）、稻蟹综合种养（占 1.83%）、稻鳖综合种养（占 0.77%）、其他（占 2.71%）。

第四章

稻渔、稻虾综合种养
主要模式

12. **稻渔综合种养的主要模式有哪些？**

近年来，由于稻渔综合种养的生态优势凸显，尤其是可以显著减少农药和化肥的使用，因而备受倡导和推广，各地纷纷在品种搭配、稻渔综合种养模式、操作方法和技巧等方面进行探索，因地制宜地创建了多种稻渔生态模式。归纳起来主要有五大类：一是稻虾生态共作或连作模式，如稻田养殖小龙虾、澳洲淡水龙虾、青虾、罗氏沼虾等共生共作或连作模式；二是稻鱼综合种养模式，如稻田里养殖鲤、鲫、泥鳅等；三是稻蟹综合种养模式，如稻田养殖中华绒螯蟹等；四是稻鳖综合种养模式，如稻田里养殖中华鳖、鳄龟等经济鳖类等；五是稻蛙模式，如稻田养殖古巴牛蛙、美国青蛙、中国虎纹蛙（田鸡）等。

春季的藕虾综合种养田及其防逃网

13. **鱼虾混养的主要模式有哪些？**

近年来，很多地方因地制宜地探索出多种鱼虾混养模式，都取得了较好的效果，比较成功的模式主要有以下三种。

第一种是鱼种与小龙虾混养，就是在鱼种培育池塘里混养小龙虾，小龙虾对鱼种没有危害，并且可以摄食残饵，起到净化水质的作用，同时，还可以额外增加小龙虾的收入。养殖试验发现，鱼种与小龙虾混养可以显著增加养殖效益，小龙虾成活率可达90%以上，鱼种的成活率可达99%，综合效益提高显著。

第二种是在鱼苗培育池塘里混养小龙虾，小龙虾与鱼苗共生，对鱼苗的危害不大，但可以摄食水体中的有机碎屑、腐殖质等，净化水质。养殖试验测得鱼苗的成活率达90%以上，小龙虾的成活率也达90%以上。在培育夏花的池塘里适度混养小龙虾是一种很好的模式。

第二种是在主养小龙虾的池塘里混养一些滤食性或性情温和的生活在池塘上层的鱼类，如团头鲂、花白鲢等。小龙虾是底栖性的，生活在池塘底部、植物丛或池塘边缘，摄食藻类等有机物；鱼类在水体里游走摄食。鱼虾在同一池塘里占据不同的生态位，混养在一起可以充分利用养殖空间，增加养殖效益。

14. 稻虾综合种养下的亩产和效益如何？

大量试验数据表明，在稻虾综合种养模式下，一般可实现亩产小龙虾50～150千克；收获水稻500～1 000千克，每亩平均产值4 500～5 500元，平均利润在2 000～4 000元，显著增加了单纯种植水稻的收益。尤其是对于提高稻和虾的品质都有很大帮助，因为在综合种养模式下，小龙虾会吃掉稻田里的杂草、害虫及其虫卵，节约了饵料，并且可以显著减少水稻病虫害的发生，有效减少化学农药和化肥的使用，提高水稻和小龙虾食品的安全性和产品的品质，是一种绿色生态的种养模式，值得推广。

第五章

我国小龙虾的品牌培育状况和发展趋势

15. 我国小龙虾的销售渠道和品牌培育状况如何？

近年来，我国小龙虾的销售发展呈现为线上销售与线下消费渠道并存的状况。线下销售小龙虾的门店数量 2019 年达到 14 万余家；而线上的快递、外卖市场份额也在逐年增加。

在竞争越来越激烈的情况下，小龙虾的品牌培育越来越受到重视，消费者越来越青睐有信誉度的品牌。在一批颇具地方特色的区域公共品牌的基础上，近年来又陆续地增加了一些在全国或区域影响力较大的企业品牌，如湖北"潜江龙虾"、湖南"南县小龙虾"为国家农产品地理标志产品；湖北"楚江红""霸气龙虾""虾皇""中国虾谷"以及江苏"太明龙虾""红透龙虾"、湖南"渔家姑娘"、江西"海浩""峡江""鄱湖""柘林湖""绿富美""湖家妹"等企业品牌的知名度逐渐提升。

16. 我国著名的小龙虾文化美食节有哪些？

近年来，以小龙虾为题材的节庆、美食活动越来越受欢迎，如家喻户晓的江苏盱眙国际小龙虾文化节、湖北潜江小龙虾文化节、中国西部（四川）小龙虾美食文化节、山东济宁鱼台生态小龙虾文化节等。其中，山东省济宁市鱼台县于 2018 年被中国水产学会授予"中国生态小龙虾之乡"的称号。

普遍受欢迎的小龙虾做法有：蒜蓉小龙虾、十三香小龙虾、香辣小龙虾、油焖小龙虾、清水小龙虾等。小龙虾每年都吸引着大量海外游客来中国参加美食文化节，促使小龙虾养殖业不断升温，养殖技术日臻成熟，产业链逐渐延长。

17. 我国小龙虾养殖业的发展趋势是什么?

我国小龙虾养殖模式将以稻虾或藕虾等生态效益显著的综合种养为主要模式,其发展趋势将以市场为导向,彰显食品安全性和品牌可信度的优势,产业链逐渐拓展,可追溯性逐渐加强,对源头、过程管控和销售环节的水产品质量安全管控将逐步完善,水产品质量安全保障体系逐步健全。随着品牌意识的提高,一些优质稻虾、优质藕虾知名品牌会捷足先登,通过农民丰收节、国际龙虾节等活动,借助于多层次推介,其品牌价值会大增。智能化、电子商务、产品营销网络逐渐得到推广普及,产业资源得到整合,政府政策指导和监督下的第三方"渔业+互联网垂直电商平台"等交易链条将随着信用等级的提升而被打通,交易成本显著降低,优质品牌产品将获得最大的竞争优势。

第六章

淡水螯虾的分布与生态习性

18. 全世界淡水螯虾的种类及其分布如何？

全世界淡水螯虾的种类有 569 个种和亚种，其中，以北美洲的种类最多，约有 300 种，具有经济价值的属原螯虾属、螯虾属、太平洋螯虾属、叉肢螯虾属等。克氏原螯虾占世界螯虾产量的 70%～80%。澳洲约有 100 个种，欧洲有 15 个种，南美洲有 8 个种，亚洲有 7 个种，我国仅有 4 个种，分别是克氏原螯虾、东北螯虾、史氏拟螯虾、朝鲜螯虾，后三种经济价值相对较低，仅分布于我国东北三省及朝鲜和日本。由于小龙虾适应性强，在环境恶劣的条件下会休眠，待环境好了再复苏、生长和繁殖，加之其群体繁殖率较高，因而，小龙虾的分布几乎遍及大江南北，成为某些地方的入侵物种。

19. 淡水小龙虾的环境适应性如何？

小龙虾生活于淡水，昼伏夜出，喜欢晚上出来觅食，从傍晚到黎明前最活跃，可在水底爬行，游泳能力弱，遇到威胁时可以快速后退逃跑，有占地盘、攀缘、趋新鲜流水和掘洞等习性，在养殖密度过大和遮蔽物不足的情况下，常会看到一些独臂小龙虾，这是争斗残杀的结果。小龙虾在环境恶劣或冬季会掘洞、钻洞、休眠，洞穴的深度可达 50～100 厘米，洞口多集中在水平面上下 20 厘米左右处。

小龙虾对水环境的适应性较强，能够耐受的 pH 范围为 5.8～8.8，最适 pH 为 7.5～8.2；可适应的水温为 0～37 ℃，最适生长水温为 25～32 ℃；最适溶解氧浓度为 4 毫克/升以上，能够耐受的最低溶解氧为 1.5 毫克/升。小龙虾食性杂，喜食鲜嫩植物、底栖或浮游动物、藻类等。小龙虾在低温下，离水可存活 6～15 天。但是小

小龙虾的隆起开口洞穴（左）、隆起封口洞穴（中）和池底开口洞穴（右）

龙虾对重金属、敌百虫、菊酯类等杀虫剂异常敏感，极易中毒死亡。

养殖小龙虾的土质池塘的四周，可以种植一些绿色植物护坡，如岩垂草等护坡。岩垂草是多年生草本植物，生长快，无主根，茎节触地生根，非常耐瘠薄、耐踩踏和抗病虫害。花期长，春、夏、秋三季均能看到粉白黄心的小花。植株高度整齐，生长高度不超过10厘米。一次栽种，年年开花。

早春温室里的岩垂草

第七章

淡水小龙虾的蜕壳与生长发育规律

20. 小龙虾蜕壳的生物学意义是什么?

小龙虾属于甲壳动物,具有几丁质的外壳,即外骨骼。生长时要蜕壳,同时将附着在甲壳上的细菌、病毒、寄生虫和藻类等影响其生长的附着物一起蜕掉,蜕壳可使残肢再生,所以,小龙虾的蜕壳,既是其生长发育的重要标志,也是小龙虾基本防御系统中的重要一环。小龙虾群体蜕壳的高峰期主要集中在3~6月,说明春季是其生长发育最旺盛的时期,而秋季是集中繁殖的重要时期。在小龙虾蜕壳前期,要加强营养与水质管理,并提供充足的隐蔽环境,防止有害生物攻击正在蜕壳或刚刚蜕完壳的小龙虾。

21. 小龙虾蜕壳的基本规律是什么?

小龙虾的生长与蜕壳是有规律的,一般从幼虾到成虾要蜕壳11次,每次蜕壳后新壳需要12~24小时才能硬化。每次蜕壳后体长可增长10%以上。例如,体长10厘米的个体蜕壳后体长可增加13%,达到11.3厘米左右。小龙虾在生长旺盛期蜕壳频繁。在水温24~28℃、水环境稳定的条件下,仔虾每2~5天蜕壳1次,生长很快;长到幼虾后,蜕壳间隔期延长,每5~8天蜕壳1次,继续快速生长;随着虾体的逐渐长大,蜕壳周期也随之延长,在生长的后期,一般每8~20天蜕壳1次;达到性成熟后,蜕壳次数显著减少,成虾一年蜕壳1~2次,伴随着交配、产卵等繁殖活动。

22. 小龙虾生长的规律是什么?

小龙虾生长发育速度较快,在水质适宜,浮游生物丰富,水体透明度在 20~40 厘米，水温在 24~28 ℃，水环境稳定，饵料营养全面且氨基酸、矿物质、维生素比例平衡的情况下，春季繁殖出来的虾苗，经过 2~3 个月的养殖，体长可达 6 厘米以上，达到商品虾的规格，即可以捕捞上市。秋季繁殖出来的虾苗，越冬后，到第二年春季，体长可达 8 厘米以上，成为优质商品大虾，价格一般在60~120 元/千克。早春的虾价格一般最高。

第八章

淡水小龙虾养殖技术

一、小龙虾养殖池塘的建造

23. 适合养殖小龙虾的池塘形状是怎样的?

新建池塘要选择在阳光和水源充足、没有污染、远离果园或农田的地方,远离化肥和农药的污染区域。

新建池塘的走向以东西向为好,可以最大限度地接受太阳光的照射,增加池塘光能的输入量,有利于藻类的生长繁殖,稳定水体环境,也利于光合细菌等有益菌的生存繁衍,保持菌相平衡,控制有害菌的滋生。一般而言,输入池塘的能量越多,池塘的产量就越高。

池塘面积以5~6亩较为适宜,长宽比约为5:1,方便挖掘机操作,挖塘建埂一次完成,不需要二次挖掘,节约人工费。也有利于养殖的日常投饲、消毒、清淤等各项管理工作。进水口与排水口要分开设在池塘的对侧,进水口设置在东侧,排水孔设置在西侧,东高西低。池塘深度1.2米,埂面宽度1.0~1.2米,尽量节省埂面的占地面积。坡比不宜过大,避免夏季水温高时池边太浅,水温过高,影响小龙虾的摄食,坡比以1:(2~3)为宜。池塘底部呈锅底形,中间深,四周浅。在池塘的出水口处设置集水槽,以2米×1米×0.5米为宜,也利于春季晒塘时控水。

24. 适合养殖小龙虾的水体是怎样的?

很多人误以为小龙虾的适应性强,可以在臭水沟里生活,随便的水塘都能够养活小龙虾,这是极其错误的观点,因为小龙虾喜欢肥水,不喜欢臭水,不耐缺氧,在缺氧的池塘里是无法长期生存的。但是富营养化的水体容易暴发蓝藻水华,铜绿微囊藻等蓝藻泛滥，死亡后放出毒素，水体上一层油膜，这样的水体也无法养殖小龙虾。

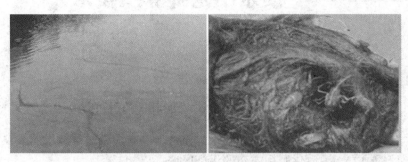

蓝藻水华水（左）与被过多的青苔缠死的小龙虾（右）

要养出优质的小龙虾，首先，要保障养殖水体有丰富的浮游生物，且肥而不臭，透明度30厘米左右，水深1米左右；其次，藻类要丰富多样，藻相平衡，水色呈茶褐色或黄绿色，不能有太多的蓝藻，尤其是不能有铜绿微囊藻；再次，益生菌丰富，菌相平衡，有害菌类浓度可控；最后，水草要丰富，各类水草都有，而且一年四季都要管控好水草，耐寒的有伊乐藻，耐热的有金鱼藻等。在水草旺盛的池塘，水质才稳定，氨氮、亚硝酸盐和硫化氢才不容易超标，小龙虾才能正常蜕壳、生长和繁殖。水草既是小龙虾隐蔽藏身、躲避天敌、蜕壳的场所，也是小龙虾喜食的鲜活饵料。错落有致的树枝和高高低低的水草丛，可以增加立体空间，扩大养殖容量，提高养殖密度，使小龙虾能够正常蜕壳，生长快，产量高。水草通过光合作用放出新鲜的活性氧，可改善水质，调节水温，稳定水体环境。因此，养护水草是成功养殖小龙虾的关键措施。

25. 小龙虾养殖池塘的植物浮床如何设计？

在池塘水草养护不好或大水面不好种植水草的情况下，可以设置植物浮床，利用无土栽培技术，将一些水生经济植物或改良后的陆生经济植物，以浮床作为载体，种植到水体中。通过植物根部的吸收和吸附作用，富集水体中的氮、磷等，植物根系悬浮在水体中，可以充当益生菌的附着基。益生菌生长繁殖的过程中会大量吸收分解氨氮、亚硝酸盐和硫化氢，稳定和净化水质，有效地改善养殖水体环境，显著降低虾病的发生率，减少化学药物、水质改良剂、消毒剂等生产投入品的使用，在保障养殖水产品的质量安全、增加单位效益、减少生产投入等方面具有显著作用。常见浮床植物有空心菜、睡莲、梭鱼草、水芹、慈姑、茭白、芦蒿等。常用的浮床材料有竹子、树枝、网片、有凹槽的薄木板等，凹槽的底部留有微孔，凹槽内放置颗粒营养基质。

泡沫型浮床制作中（左）和长满大型植物的浮床（右）

二、小龙虾养殖池塘的消毒与解毒

26. 小龙虾养殖池塘如何消毒？

池塘消毒就是用消毒剂杀灭水体中的有害细菌、病毒、寄生虫等病原体。水体中常用消毒药物有：漂白粉、漂白精、优氯净等氯制剂，这些制剂消毒效果较好、价廉物美，但是刺激性太大，属于传统消毒剂，现在多被二氧化氯、碘制剂等新一代消毒剂替代了。

二氧化氯有极强的氧化能力，消毒效果好，在浓度低于500毫克/千克时，对人体和养殖动物没有危害，使用安全、可靠。一般的使用浓度在100毫克/千克以下。因此，二氧化氯是公认的绿色消毒剂。

聚维酮碘（PVP碘）比较温和，消毒效果较好，对虾的刺激性小；但是，最近的研究发现，PVP碘可能有致癌的副作用，对小鼠和大鼠有致癌性，对人体是否致癌尚无充分的证据。

最新型的消毒兼营养剂是过硫酸氢钾复合盐，其消毒效果好，没有残毒，还可以起到肥水的作用，被誉为新一代消毒剂。但是其价格较高，市售有许多假冒伪劣产品，购买时要注意鉴别。最新型的消毒兼营养药物是蛋氨酸碘，既消毒，又有营养和肥水的功能，是由氨基酸与碘络合而成，安全无刺激，稳定性好，耐高温，可以长期储存。碘有良好的渗透性和杀菌活性，外用可杀灭病原菌；内服又可提高小龙虾的免疫机能，增强抗病力，可以有效地杀灭病菌，属于一种新型、营养、不污染水环境的无公害药物，价格比较高。

27. 生石灰消毒的优越性和注意事项有哪些？

生石灰价廉物美，好处颇多，不仅可以消毒，还可以增加水体的碱度、调节 pH、保持弱碱性，还降低硫化氢、亚硝酸盐等的毒性。生石灰消毒的原理是遇到水后能够迅速反应放热，并使水体变为强碱性。水温 30 ℃、水深 5 厘米时，亩洒 38 千克的生石灰，可使水体 pH 达到 12.5 左右的极限值；池水加深到 10 厘米，则每亩需生石灰 75 千克，在这个碱度极限值下，水体内几乎没有生物能够生存，从而达到彻底杀灭病原体的效果。

用生石灰消毒时的注意事项：第一，生石灰在池塘里加水后，必须迅速全池泼洒，使水体 pH 迅速达到 12.5 左右，才能有效地杀灭全部病原菌及其休眠卵，这对于大池塘操作会带来很大困难，需要多人共同操作。第二，在养殖过程中，有大量小龙虾在池塘里的时候，生石灰的剂量不能过大，否则会危害到水草和小龙虾的生存。一般每亩每米水体用生石灰 10 千克左右比较安全，可以起到减少病原菌危害小龙虾的作用。

28. 小龙虾池塘中的有害生物如何清除？

在养殖小龙虾的池塘里，经常会混有野杂鱼、蛙类等有害生物，危害小龙虾的生存，可以选用对虾、蟹类无害的茶籽饼等进行清野。茶籽饼也称为茶粕，是山茶籽压榨和化学提炼后的渣，含有皂角贰素（茶皂素），能使红细胞溶化，故能杀死鱼类、蛙类、甲鱼等有红细胞的动物。茶皂素易溶于碱性水，加入少量石灰水其药效更佳。茶粕中还含有蛋白质等营养素，也是一种高效有机肥，可以在杀灭有害生物的同时兼肥水。茶籽饼能自行分解，无毒，使用安全，对水草有促生长作用，对虾、蟹等动物及其幼体均无副作用，在培育虾苗和幼虾的池塘里施用，可以提高出塘率。

29. 什么是水产养殖的水体解毒剂?

解毒就是降解或清除水体中的有毒有害物质，如分子氨、亚硝酸盐、硫化氢、藻毒素、重金属、消毒剂和农药残毒等，这一类都是没有生命的化学毒性物质，它们在水体中的浓度如果过高时，会毒害小龙虾或对小龙虾有益的浮游生物。水产养殖中常用的解毒剂有以下 4 类。

（1）化学剂　如一些氧化还原剂、有机酸等解毒剂，氧化还原剂是通过氧化、还原和水解等作用来改变或破坏毒素的分子结构，使毒素变为低毒或无毒的物质，常用的氧化还原剂是硫代硫酸钠，还可以用硫代硫酸钠清除水体中的余氯；有机酸可以改变水体 pH 或菌群结构，降低毒素含量及其毒害作用，常用的有机酸解毒剂是冰醋酸、柠檬酸、丁酸等，通过降低养殖水体的 pH，达到降低水体中非离子氨的毒性的目的。

（2）生物解毒剂　如各种酶类和微生态制剂等，水解酶能够降解水体中农药的残留物，微生态制剂可以分解或转化有毒有害物质，清除氨氮、亚硝酸盐、硫化氢和农药等毒素。例如，芽孢杆菌等益生菌，能够抑制产毒微生物的数量，降低毒素含量。

（3）吸附剂　一些具有吸附作用的粉状物质，如沸石粉、活性炭、蒙脱石等，能够吸附水体中悬浮的有毒物质，沉降到底泥中，虽然没有将有毒物清除出池塘，但是可以显著降低毒物在水体中的含量，等养殖结束后，再清塘清淤消毒。

（4）络合剂　一些具有多功能团的有机络合物，具有较强的络合作用，也称为螯合剂、金属封锁剂、水质软化剂等，能够通过对有毒物质和重金属的络合作用，解除重金属的毒性，常用的络合剂有氨三乙酸钠（NTA）、乙二胺四乙酸盐（EDTA）、二乙烯三胺五羧酸盐（DTPA）等。氨基羧酸盐的络合能力强，但分散力较差，稳定性和耐碱性较好，不耐浓碱。EDTA、DTPA 不易生物降解，养殖结束后要及时清塘清淤。

三、小龙虾苗种的投放

30. 小龙虾的放苗规格如何确定?

关于小龙虾放苗的规格，过大或过小都不合适。如果虾苗太小、嫩苗脆弱，适应性差，在转塘、运输和放养等操作过程中容易伤亡，养殖的成活率会很低；而如果虾苗太大的话，苗的价格较高，考虑经济效益，需要的苗种费相对较高，运输也需要较大的容器，成本相对较高。一般来说，小龙虾适宜的放苗规格应该在每500克100～150尾较好，这个规格的虾苗综合效益最合适。规格越大，运输和放养的成活率越高，也有不少养殖户喜欢选择每500克60～80尾的虾苗放养，为的是较早养成大规格的成虾，提早上市，早春卖个好价钱。可以根据具体的生产经营情况，选择适合自己池塘的优质虾苗。

31. 优质健康的小龙虾苗种如何选择?

如何判断小龙虾苗种是否健康？如何鉴别哪些是优质苗种？可以从以下 5 个方面入手。

（1）察看虾苗的体型和体色 用手轻捏一下躯体，感觉肌肉饱满且硬实，体色青亮，带有金属光泽的虾苗，是优质健康的虾苗。

（2）察看虾苗的活力 反应灵敏、翻转运动快捷、肢体发育完好的虾苗，是活力强的优质虾苗。

（3）察看虾须和虾尾的颜色 虾须和虾尾颜色正常、不发红的虾苗是优质苗。虾在应激时须和尾的颜色也会变红，鉴别方法是待环境平稳后红色能够变为正常色的属于健康虾苗。那些不能恢复正常体色的虾苗，一般是不健康的虾苗。

（4）察看虾的肝胰腺和胃肠道的轮廓形态和颜色　健康虾苗的肝胰腺大小适宜，色泽正常，轮廓清晰；胃肠道食物饱满，颜色是饵料的色泽，呈现深褐色。不健康的虾苗一般表现为空肠或肠道上有一段是空的，或者是空胃，或肝胰腺过小、过大、颜色异常。

（5）检查是否携带病原体　检查剔除发病的苗，有时候，有些处于发病初期或病菌感染潜伏期的苗，也是有活力的，体色上也没有太大的异常，过一段时间，由于其摄食不正常，营养缺乏，体色会黯淡无光泽，虾须和尾扇会变红或断须。

32. 春季池塘投放小龙虾苗种的时间和方法如何？

春季池塘里小龙虾苗种的投放时间，要根据水温和气候条件而定，一般在 3～5 月，水温稳定在 10 ℃以上时，才可以投放小龙虾苗种。

如果池塘里水草丰富，能够占到水面的 1/3，沉水植物、挺水植物、浮水植物品种多且搭配合理，池塘底部供小龙虾藏匿的仿生态条件优越，小龙虾苗种的投放量可多一些，可以投 20～30 千克/亩，以规格为 160～200 尾/千克，即 3 200～6 000 尾/亩的密度为宜。新开挖的池塘，在水草还没有繁茂起来之前，要适当减量投放，投放量降低为 10 千克/亩，规格 160～200 尾/千克，即 1 600～2 000 尾/亩的密度为好。

投放小龙虾苗种时，先选取少量虾苗试水，24 小时后观察虾苗无异常时，再大量投放虾苗。投放虾苗时，还要注意平衡水温，先多次浸水或淋水，最好用一些温和的消毒剂如食盐水、高锰酸钾、聚维酮碘溶液等消毒后再大量投放。注意，高锰酸钾的作用比较慢，需要消毒 10 分钟以上才能有好的效果。

四、小龙虾养殖过程的管理技术

33. 养殖小龙虾的八大管理环节是什么？

要提高小龙虾养殖的成功率，就要加强对以下 8 个重要环节的重视和管理。

（1）池塘要及时清淤和消毒　池底的淤泥厚度在 10 厘米以内，过多会耗氧和藏污纳垢，有导致病害增多的风险；过少不利于缓冲酸碱度的剧烈变化。一般选用生石灰消毒效果好，可以同时补充钙和增加碱度。

（2）池塘消毒后要进行解毒　一般多用有机试剂进行解毒，常用的解毒剂一般都以醋酸、丁酸、柠檬酸等为主要成分。

放苗前池塘用生石灰化水消毒　　　　小龙虾的发酵饲料

（3）要调控好水的肥度和水位　水草丰富的池塘，比较容易维持好"肥、活、嫩、爽"的水质透明度春秋季要浅一些，以20～30厘米为宜；夏季深一些，以 50～60 厘米为宜。

（4）科学试苗和正确放苗　先用少量虾苗试养，观察 24 小时后成活率100%，说明虾苗能够适应池塘水质和环境，再大量放苗。冬季放苗要在上午进行；夏秋季节放苗宜在清晨或傍晚进行，避免阳光直晒。放苗前的虾种要用 3%～5%的食盐水浴洗 10 分钟，杀灭寄生虫等病原生物。如果外运来的虾种离水时间较长，正确放苗的方法是反复进行"过水"处理，即把虾种浸入池水内 1 分钟立即提出水面，待 2～3 分钟后再浸水 1 分钟，重复 2～3 次，如此放苗可以显著提高成活率。

（5）要为小龙虾创造仿生态蜕壳和繁殖环境　小龙虾不喜欢强光，池塘里最好种植多样化的水草，池底设置充足的瓦片、石块缝隙、竹筒管道、PVC管洞等遮蔽物，为虾创造蜕壳、繁殖、躲避强光和敌害的安全避风港。

（6）可以在小龙虾池塘里混养一些性情温和的鱼苗　如团头鲂、花白鲢等，有利于净水和调水；也可以用网箱养殖一些经济价值较高的鱼类，目的是利用鱼体分泌的黏液杀菌和净化水质，还可以增加养殖效益。

（7）营养全面平衡和科学投喂　建议使用发酵饲料，饲料要全价营养，氨基酸要平衡，饵料要适口，粒径大小要合适，要观察或测量虾的生长速度是否正常，要根据虾的摄食和生长以及气候条件及时调整投饵量。

（8）管理好进排水口和防逃、防鼠害等设施　小龙虾喜欢攀爬逃逸，池塘四周要设防逃网，一方面可以避免小龙虾逃走；另一方面可以防止带病的蛙、蛇、蟹等进入池塘，带来危害。

34. 小龙虾蜕壳不遂现象如何避免？

小龙虾蜕壳不遂，会影响生长和成活率。在小龙虾头部有一个钙的储存处，蜕壳时，会集聚钙质，使其壳变软薄，利于蜕壳。在小龙虾营养不足，尤其是缺乏矿物质和微量元素的情况下，会出现蜕壳困难。导致蜕壳不遂的主要原因有水质差，底层缺氧，饵料营养素比例不平衡，缺钙、磷、镁或钙、镁吸收障碍等。避免小龙虾快速生长期间蜕壳不遂的有效措施主要有以下 4 项。

（1）提前补钙　在蜕壳前期就要开始补钙，也可以补充浮游生物或益生菌，益生菌含有菌体蛋白和丰富的酶类，促进饵料中营养物质的消化吸收，尤其是钙、磷、镁、锌等矿物质和微量元素等的吸收。

（2）养殖过程中要时刻做好塘底基质和水质的管理　及时增氧和改底，保持水质清新。要在最容易缺氧的入夜前，加强巡查，检测溶氧量，紧急情况下可以用换水法、流水法、物理增氧法、化学增氧法或者直接充氧气法等，尽快消除池底溶氧不足所带来的各类危害。可选用增氧剂或光合细菌，所用各类药剂都要选择有资质厂家的正规产品。

增氧剂（左）与光合细菌（右）

（3）选择营养均衡、氨基酸平衡、脂肪酸没有变质的饵料　过期或霉变的饲料不能喂虾，平时要注意观察小龙虾是否有缺乏矿物质、微量元素和维生素的现象，及时补充富含维生素、矿物质和微量元素的藻类、益生菌和小肽类，增强虾的体质，加速蜕壳和生长。

（4）虾大量集中蜕壳的高峰期一般是在农历初一、十五前后的5天左右，这时候要适当减少投饵量，充足溶解氧，管控好水体的透明度，维护好水质。

35. 春季主养小龙虾池塘的水质管理技术有哪些？

小龙虾春季管理的关键点是对水温、水草和浮游生物量的管控。早春的气温忽高忽低，乍暖还寒，池塘水质较瘦，容易暴发青苔，过多的青苔对小龙虾危害较大，浮游生物培养不起来。越冬的小龙虾体质较弱，需要加强投饵，伴随着投饵量的增加，粪便及有机物分解的中间代谢产物，如氨氮、亚硝酸盐、硫化氢等有毒有害物质会败坏水质，破坏水体生态环境，不利于小龙虾的摄食、蜕壳和生长。因此，需要加强春季的水草养护、青苔控制和浮游生物培养。

经过水温低的冬季，池塘里的藻类繁殖缓慢，水体清瘦，透明度过大。进入春季后，光照逐渐增强，水温回升，如果水体过瘦，就容易导致青苔迅速繁殖，一旦暴发，很难控制。因此，需要提前进行预防，一旦青苔过多，要及时人工捞除，不要用药物杀死，死亡的青苔危害更大。春季当水温回升时，要及时改底、消毒和解毒，泼洒益生菌、小球藻、微藻等，重点是培育浮游生物。一般每10天泼洒1次EM菌、芽孢杆菌、光合细菌、乳酸菌、酵母菌等有益菌，正规厂家的微生态制剂调水改底的效果明显，以菌养藻，改底后，不能换水的池塘只能泼洒微生态制剂，藻类会逐渐繁殖起来，压制青苔的过度繁殖，水体得到最终改善。

36. 小龙虾养殖的夏季管理技术有哪些？

夏季温度高，各类生物生长快，藻类和水草也会疯长、死亡、腐败，有害菌繁殖速度快，水体容易腐败，所以，夏季要加强对水草的管理，保证水草面积不超过池塘的一半。6月要清除菹草，每天要将过多的水草、腐败死亡的水草和变质的有机物打捞上来，要割除水草的顶梢，使其顶部保持在水面下20厘米左右，随时长出水面的水草要随时割除，否则露出水面的沉水植物容易死亡而败坏水质。死亡的藻类会在水面上形成一层油膜，遮挡水面的通透性，要及时打捞清除油膜，保持水面不被遮盖，否则有毒有害气体逸不出来，会大大增加耗氧而导致池塘缺氧。

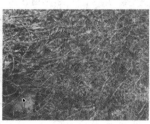

夏季茭白繁茂（左）、菹草茂盛（中）和繁盛的水葫芦开花（右）

大量有机质沉积在池塘底部，会分解成硫化氢、亚硝酸盐等剧毒物质，危害小龙虾的健康。一旦有毒有害物质超标，超越了小龙虾能够耐受的极限，就会发生小龙虾大量死亡现象，死虾又会导致腐败菌和各种病菌浓度增加，引起更多的小龙虾死亡，恶性循环，农户损失惨重。投喂发酵饲料可以减少残饵坏水，酶解腐殖质，养护水质。因此，夏季要加强水草养护、腐殖质清除、微生态平衡和益生菌分解有机物等方面的综合管理，才能有效地防范和避免小龙虾死亡。

37. 小龙虾养殖的秋季管理技术有哪些？

初秋是小龙虾快速生长的第二个高峰期，加强营养管理，可以显著促进小龙虾快速生长，每天宜投喂 3～4 次，分别为 8:00 投喂量占日投喂量的 30%，14:00 投喂量占 20%，18:00 投喂量占 40%，24:00 投喂量占 10%。全天总投喂量为池虾总重的 6%～8%。

仲秋水温开始下降时，可减少投喂次数和投喂量。每天改喂 3 次，9:00 投喂量占日投喂量的 30%，18:00 投喂量占 60%，24:00 投喂量占 10%。全天投喂量为池虾总重的 3%～4%。

晚秋当水温下降到 15 ℃以下时，每天投喂 2 次，9:00 投喂 40%，18:00 投喂 60%，投喂量减少至池虾总重的 2%左右。

秋末冬初当水温降低到 10 ℃左右时，改为每天投喂 1 次，傍晚投喂，投喂量为池塘虾总重的 1%左右。

秋季稻田水位较低，如果排灌方便，可在秋末上午出太阳时降低水位，提高水温，加大投喂量，晚上加水保温。坚持四定投饵的原则，不要轻易改变投喂地点。饲料的品质、粒径大小、营养素含量也不要随意更换，更不能用过期的霉烂变质的饲料，每次的投喂量以 2 小时内吃完为好。如果池中水草不多，可以投放一些小球藻和新鲜的瓜果蔬菜，如南瓜、地瓜、地瓜叶、胡萝卜和苜蓿等，增加维生素和寡聚体的摄入，提高小龙虾的免疫力和抗病力，预防疾病；也可以投喂一些新鲜的昆虫、鱼、螺蚌肉等动物性饲料，加强营养，加快生长。多设一些投喂点，保障每只虾都能摄取到足够的食物。

38. 冬天池塘表层结冰时小龙虾如何管理？

冬天池塘结冰时，要及时破冰，同时保持水面不要有较大的变化。水在 4 ℃时密度最大，降温会使水体积变大，密度变小，池水结冰的温度是 0 ℃，冰的密度比同温度的水要小，所以会浮在水面上。冬天池塘表面的水形成冰面时，不要随意加减水，避免因为水面的升高或降低而惊扰到钻入洞穴里的小龙虾。为了防止在冰封时洞穴里的小龙虾缺氧，可以在不使水位变化的情况下，人工破冰，也可将花生饼、菜籽饼或芝麻饼装在编织袋里，袋上打洞，放置在虾塘里。既可以给小龙虾提供营养，又可以抑制结冰。

冬末待低温雨雪天气过后，气温开始回升时，要及时观察小龙虾是否有应激反应迹象。一旦有应激现象出现，要及时应对，可以泼洒一些姜汤、矿物质、微量元素、维生素、益生菌等，越冬的小龙虾体质较弱，泼洒一些煮熟的豆浆或发酵大豆或玉米等碳源，可以补充能量兼肥水，也可直接泼洒葡萄糖等优质碳源，缓解应激现象。

冬季要使用微孔增氧机，给池底稳定增氧，小龙虾都栖息于池塘底层，要保证池塘底部不能缺氧。

五、小龙虾的营养与饵料

39. 小龙虾对常规营养物质的需求是怎样的？

小龙虾在自然界中，会根据自身的营养需求，摄取到各种生物饵料，来满足生长发育的需要。池塘养殖小龙虾的营养主要来自配合饲料，因此，要求配合饲料的营养要全面，包括蛋白质（必需氨基酸）、脂肪（不饱和脂肪酸）、糖类、维生素、矿物质微量元素等。

仔虾配合饲料蛋白质含量要求在 $30\%\sim40\%$；成虾配合饲料蛋白质含量要求在 $20\%\sim30\%$。配合饲料中脂肪的添加量为 $4\%\sim8\%$；糖类的含量为 $30\%\sim40\%$；矿物质、微量元素的需求量虽小，但却非常重要，具有平衡体液、调节生理代谢、维持组织细胞渗透压和充当体内酶系统的催化剂等功能，不可或缺，添加硒等微量元素，可以促进小龙虾生长，提高营养物质的利用率。

40. 小龙虾对饵料的消化吸收率如何提高？

试验发现，小龙虾对饵料的消化吸收率只有 $70\%\sim80\%$，有

20％～30％被浪费，还污染水质，饵料中蛋白质含量不足或过多，都会导致氨基酸不平衡，引发营养代谢性疾病，对此，解决的有效途径是使用发酵饲料。研究发现，对饲料进行发酵处理，可以将难以消化的复杂物质，变为简单的容易吸收的营养物质，发酵饲料中增加了有机酸、益生菌、消化酶及其活性，还富含维生素 B_1、维生素 B_6、维生素 B_9、维生素 C、维生素 K 及锰、钙、钾、镁、磷等矿物质营养素，投喂发酵饲料是提高消化吸收率的有效途径。长期使用发酵饲料，对避免氮、磷超标导致的池塘富营养化有显著效果。

41. 由碳水化合物不足或过多引发的疾病有哪些？

虾的品种和发育阶段不同，其对碳水化合物的利用情况和需要量也不同。若饲料中碳水化合物含量不足，势必消耗大量的蛋白质作为能源，从而造成饲料蛋白质的浪费；若饲料中碳水化合物含量过高，将引起内脏脂肪积累，妨碍生理代谢，引起肝脏脂肪浸润，过量积聚肝糖，导致虾的肝脏肿大，色泽变淡或无光泽，死亡率增加。

42. 饲料脂肪不足或变质对小龙虾的危害有哪些？

脂肪是脂肪酸和能量的主要来源，也是脂溶性维生素的载体。虾类对一些低分子量的脂肪及不饱和脂肪酸具有较高的利用能力，而对动物性脂肪和高度饱和脂肪酸消化能力很低，长期使用这种脂肪，容易导致脂肪性肝病。因此，虾类配合饵料中应该选用含有优质脂肪的原料，如鱼粉、发酵大豆蛋白、昆虫蛋白等，平时要注意培肥水质，培养浮游动物。添加一些螺类等动物性饵料、轮虫等浮游生物对小龙虾的健康特别有益，可以显著增强小龙虾的体质，比人工配合饵料更利于保护小龙虾的肝脏，促进小龙虾健康生长。

43. 维生素对小龙虾的重要作用有哪些？

维生素在小龙虾的新陈代谢、生长发育、免疫、繁殖等活动中有极其重要的作用，主要是参与小龙虾体内各种重要的生物合成过程。肝脏能够合成一些维生素供其正常生理代谢，因此，要注意保护小龙虾的肝脏。

多数维生素在小龙虾体内是不能合成或不能足量合成的，只能从饲料中获取。由于高密度养殖、水环境的污染和一些不良因素的刺激等引起应激，会使虾类对维生素的需求量大增，维生素缺乏会导致代谢障碍，生长受阻，死亡率增加。

44. 缺乏维生素C对小龙虾的危害有哪些？

虾类摄食缺少维生素C的饲料会出现黑死病，因此，在养殖中要注意给小龙虾补充适宜的维生素C。自然界中一些新鲜的蔬菜或绿叶瓜果中都含有丰富的维生素C，如大枣、酸枣、柑橘、山楂、柠檬、猕猴桃、沙棘和刺梨等水果，绿叶菜、青椒、番茄等蔬菜。

45. 小龙虾饲料中缺乏磷或钙、磷比例失衡的危害有哪些？

小龙虾对钙的需求，一部分可以从水体中得到补充，而对磷的需求只能来源于饲料。饲料中的磷绝大部分是植酸磷，尤其是饼粕类饲料。小龙虾与其他水产动物一样，体内缺乏植酸酶，因而对植酸磷是无法吸收的。另外，虾对钙、磷的需求是有比例的，当钙、磷比例失去平衡时，会影响钙、磷在小龙虾体内的代谢，引起生长发育异常、蜕壳不遂等。使用发酵饲料或添加植酸酶和酵素等可以促进钙、磷等矿物质和微量元素的消化吸收，避免引起钙、磷等矿物元素缺乏症。

46. 为什么说矿物质和微量元素缺乏是小龙虾养殖中的普遍现象？

大量研究揭示，小龙虾虾体组织中矿物质微量元素的含量明显高于鱼类，这与虾血浆内主要含血蓝蛋白有关。在自然界90种无机矿物质元素中，大约有 29 种被认为是虾类生长发育和繁殖所必需的，如此多的微量元素，多数存在于池塘的泥土或水体中，但是在年复一年地重复养殖过程中，或在种植农作物之后开挖的池塘里，很多矿物质微量元素的缺乏是在所难免的。据调查，我国多数养殖区，无论是在粗放式养殖池、精养池塘、超精养池塘、还是稻虾综合种养池塘中，都普遍存在着不同类型的矿物质微量元素缺乏现象。在长期使用生石灰消毒的池塘里，微量元素的缺乏更加严重。因此，想要使虾通过饲料和池水摄取到足够的矿物质营养物质，那么保持池塘水体适宜浓度的矿物质含量，是非常重要的，矿物质可促使新虾壳尽快硬化，也有利于调节虾体的渗透压，稳定水体的 pH 等。

47. 小龙虾生长发育所必需的矿物质常量元素和微量元素有哪些?

小龙虾在快速生长期，会伴随着频繁的蜕壳，矿物质损失过多，因此，会导致虾对矿物质需求的显著增加。一般来说，小规格的虾比大规格的虾生长快，蜕壳周期短，蜕壳更频繁，更需要及时补充矿物质。

小龙虾体内的常量元素有 7 种：钙（Ca）、镁（Mg）、钾（K）、钠（Na）、磷（P）、硫（S）及氯（Cl）；微量元素和超微量元素有 20 多种，包括铁（Fe）、铜（Cu）、锰（Mn）、锌（Zn）、钴（Co）、镍（Ni）、铅（Pb）、铬（Cr）等。虾体中缺少任何一种矿物质元素，都会引发某种缺乏症。这些营养素的组成和配比要符合小龙虾在各个生长发育阶段的营养需求。因此，不同发育阶段要用不同的配合饵料。人工配制小龙虾全价饵料，必须满足其对各类营养素的需求和比例，才能平衡营养，提高饲料转化率，促进小龙虾快速生长发育、蜕壳和繁殖。

48. 小龙虾缺乏微量元素如何判断?

观察池中小龙虾的壳，如果虾壳坚实光滑，而且有光泽，说明池塘中矿物质含量适宜。如果发现池塘中软壳虾增多，则说明矿物质含量严重不足，必须尽快补充。小龙虾的饲料中虽然含有许多微量矿物质元素，但并不能满足小龙虾快速生长的需求，如果小龙虾吸收不到足够的矿物质，将会发生蜕壳不遂现象，影响生长发育。及时补足矿物质微量元素，才能有助于蜕壳和构建新壳的顺利完成。因此，必须密切关注水中矿物质是否缺乏，要及时根据虾壳状况，适时根据小龙虾规格大小和养殖密度，及时通过饵料补充矿物质微量元素。

49. 微量元素铜对小龙虾的生长发育的重要影响有哪些?

检测发现，铜元素几乎存在于小龙虾的各种组织中，在肝胰腺、肠道等内脏组织和甲壳中的含量相对较高，在肌肉中的含量相对偏低。有研究显示，野生虾体的铜含量明显高于养殖虾体，这可能是由于饲料铜的营养剂型或剂量不合理所致。蜕壳期小龙虾的肝胰脏、肌肉、卵巢中铜含量显著高于软壳期，而甲壳中铜含量显著低于软壳期，说明微量元素铜在小龙虾蜕壳过程中发挥重要作用，及时补充优质铜元素利于蜕壳的顺利进行。

小龙虾体内 $40\%\sim50\%$ 的铜存在于血蓝蛋白中，铜通过影响造血机能而影响虾体的营养代谢、免疫与健康。饲料添加适量铜能提高虾血清铜蓝蛋白、酚氧化酶和肝胰腺总超氧化物歧化酶、铜锌超氧化物歧化酶的活性。而缺乏铜会导致小龙虾免疫组织萎缩，免疫力下降，生长停滞，黑色素合成受阻，引起小龙虾体色变浅白。

铜对小龙虾的繁殖、脂质和能量代谢、内分泌等都有影响，铜缺乏会致小龙虾生长迟缓、死亡率上升、饲料转化率降低。但是铜含量过高也会带来很多危害，引起小龙虾铜中毒。

50. 小龙虾吸收矿物质和微量元素的途径是什么?

小龙虾主要通过鳃和消化道吸收营养，通过鳃组织可以吸收水体中游离态的矿物质，也可以吸收部分颗粒吸附态的微量元素，通过血液循环运到肝胰脏，提供小龙虾生长发育必需的营养，但频繁使用生石灰消毒的养殖水体，会使水体游离矿物质和微量元素显著减少。有研究发现，在正常日粮浓度情况下，小龙虾从水体中吸收的矿物质营养占比仅为 10% 左右，大量的矿物质营养是从食物中获得的，通过饲料补充矿物质和微量元素是主要途径。

六、小龙虾养殖池塘的水质调控技术

51. 小龙虾养殖池塘 pH 过低时如何处理?

池塘 pH 过低，通常是水质变坏、溶氧量降低、硫化氢等有毒物质增加的综合体现。pH 下降过快会降低和削弱小龙虾血液的载氧能力，造成生理缺氧和应激；亦会影响水体中磷酸盐的溶解度，导致浮游植物繁殖减弱，有毒物质或有机物分解速率降低。在酸性的水体中小龙虾更容易得寄生虫病。所以，必须采取有效措施尽快提高池塘的 pH，措施如下。

（1）**适量换水** 抽出池塘底部的老化水，注入新水，调节 pH 回到正常的 7.2~8.5 的水平。

（2）**定期消毒** 一般每半个月泼洒 1 次生石灰水，每亩用量 5~10 千克，既可以调节水体酸碱度，又可以杀灭病菌、防控病害，还可以为水体补钙。小龙虾可以通过鳃吸收少量的钙，盐碱地或偏碱性的池塘不要用生石灰。

（3）**采用化学方法提高 pH** 用 NaOH 或小苏打调节，将 1% 浓度的 NaOH 溶液，稀释 1 000 倍，少量多次均匀泼洒，缓慢提高水体的 pH。

（4）**加速培植浮游植物** 促使池塘形成新的藻相，控制蓝藻、绿藻。

（5）**充分增氧** 控制还原型有害物质的生成。

52. 小龙虾养殖池塘 pH 过高时如何处理?

池塘 pH 过高或上升过快，会造成氨氮转化为分子氨，毒性成倍增加；过高的 pH 会腐蚀虾蟹的鳃组织、加速蓝绿藻水华的形成、促使磷酸三钙沉淀的形成，导致水体中营养物质钙、磷缺乏，物质循环和能量流动受阻，所以，当水体 pH 高于 8.5 时，要及时处理，常用的比较有效的处理措施有以下 7 项。

（1）施用益生菌和增氧　如乳酸菌等产酸的益生菌，可以降低水体 pH。

（2）泼洒有机酸　如醋酸、柠檬酸、丁酸等，也可以用无机酸调节，如用稀盐酸等，但必须少量多次地泼洒，直至使 pH 逐渐恢复到正常水平。

（3）用滑石粉调节　滑石粉的主要成分为硅酸镁，可用浓度为 1.5～2.5 克/立方米的滑石粉全池泼洒，每亩需 1～2 千克，可使水体 pH 降低 0.5～1.0，逐渐恢复正常。

（4）施用发酵好的生物有机肥　以肥调碱也是有效降低 pH 的有效措施。

（5）施用腐殖酸钠、腐殖酸钾、腐殖酸铵等　可以兼有肥水、改底、控制光合作用强度和降低 pH 等多种作用。

（6）加强科学管理　对于盐碱底质土壤的池塘，不宜施用生石灰清塘消毒。

（7）控制池中大型藻类和浮游植物的量　其在水体中所占面积不能超过 1/3，否则其过量繁殖会增加光合作用对二氧化碳的过量消耗而使 pH 大幅增高。可在池塘的下风口将过多的藻类和植物捕捞清除。

53. 给小龙虾养殖池塘补充碳源的原因是什么？

池塘中的碳氮比是决定水质好坏和养殖成功的最关键因素，我国传统的水产养殖多数忽略了对池塘碳氮比的检测，靠天补碳，就是从大气中获得无机碳（CO_2），所以，池塘的产量有限，且常常发生富营养化的蓝藻大暴发，导致淡水养殖的水产品土腥味重、品质差，食品质量安全存在隐患。实际上，单纯依靠天然碳源来补充水体中的碳是很难满足池塘对碳的需求的。高产池塘的碳氮比一般要达到 16～20，及时为池塘加入碳源，能够减少有毒有害物质的负面影响，加速氮元素的分解，显著降低氨氮、亚硝酸盐、硝酸盐等的危害，减少池塘中有毒有害物质的积累，碳源能够促进反硝化细菌的生长繁殖，促进反硝化反应。还能改变池塘的菌群结构，促进有益菌的生长和大量繁殖，抑制弧菌、嗜水气单胞菌等有害细菌的滋生，保护养殖动物免受病原菌的危害。防止富营养化现象的发生，人为地经常为养殖池塘补充碳，可以促进生物絮团的形成，使有机碎屑成为饵料，既补充碳源还可以有效地控制蓝藻的暴发。

54. 给小龙虾养殖池塘补充什么样的碳源好？

碳源，就是易溶解于水体、可被池塘水体利用的含有碳链的有机物质。常见的水产养殖池塘的碳源有机物有三大类：第一类是有机酸类，如冰醋酸、丁酸、柠檬酸等，其含碳量高、水溶性好，同时，还可以络合水体中的多种毒素，减少毒素垃圾的积累，是很好的高效碳源物质。第二类是糖类，如葡萄糖、红糖、糖蜜等，这些糖类容易溶解在水体中，转化效率高，是最常使用的优质碳源。第三类是氨基酸类，在养殖的早期使用氨基酸类营养物质，可以快速肥水，有利于小龙虾的生长发育。但是，在养殖的中后期，不要添加氨基酸，否则，会增加池塘中氮的含量，造成碳氮比的降低，非但无益，反而会引发蓝藻。另外，还有面粉、麸皮等，小麦面粉补充碳源可以促进池塘里活性污泥的形成，改善水质。

55. 如何根据投饵量确定小龙虾养殖池塘中碳源的补充量？

要维持小龙虾养殖池塘中适宜的碳氮比，那么，平时每投喂1千克饲料就应该向池塘中添加0.465千克的碳源。目前，碳源添加量一般都是参照 Avnimelech（1999）提出的原则，养殖生物25%的氮利用效率和微生物40%物质转化效率的添加模型，即消除投喂1千克饲料（按照蛋白含量30%计算）所产生的氨氮，需要添加有机碳源（含碳量为50%）为0.465千克（Avnimelech，1999）。按照氨氮：外源碳为1：6的比例补充碳源，能很好地起到保持低氨氮、低亚硝酸盐、低硫化氢的作用，在这样的情况下，硝酸盐的浓度也会显著降低。

56. 为小龙虾养殖池塘添加碳源时的注意事项有哪些？

为小龙虾养殖池塘添加碳源时，要注意以下2个方面。

（1）务必要及时增氧　虽然碳源本身是不耗氧的，但是，碳源在池塘里的一系列反应，需要有充足氧气参与，因此，及时增氧非常重要。

（2）添加碳源时，最好配合有益菌一起使用　因为当碳源与益生菌配合使用时，既能够使碳源发挥出最大的作用，也能促进有益菌类的生长和繁殖，从而发挥出碳源和益生菌相辅相成的多重作用，达到事半功倍的效果。

七、益生菌与小龙虾无抗养殖

57. 安全有效的微生态制剂（益生菌）有哪些？

微生态制剂是将自然界有益菌通过人工筛选和培育，再经过生物发酵工程，工厂化生产出来的有益微生物，用于调控水体的微生态平衡，也常用来增加动物肠道里的有益菌群，起到营养保健的功能。微生态制剂都是一些活菌制剂。如今，市场上销售的微生态制剂（益生菌）产品名目众多，主要是酵母菌、光合细菌、芽孢杆菌、硝化细菌、乳酸菌、EM菌等。

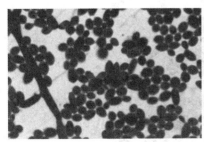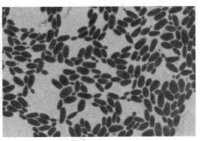

产朊假丝酵母（左）与布拉式酵母（右）（山东宝来利来生物工程股份有限公司提供）

　　美国发布了40种安全有效的有益菌种，我国农业农村部允许使用的有益菌种有干酪乳杆菌、嗜乳酸杆菌、乳链球菌、枯草芽孢杆菌、纳豆芽孢杆菌、啤酒酵母菌、沼泽红假单胞菌等。

　　市售的微生态制剂产品有两大类，一类是单一菌剂，如光合细菌、乳酸菌等；另一类是复合菌剂，是由多种活菌混合组成的，如EM菌，主要含酵母菌、光合细菌、乳酸菌等。

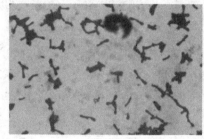

动物双歧杆菌（左）与青春双歧杆菌（右）
（山东宝来利来生物工程股份有限公司提供）

58. 微生态制剂对养殖小龙虾的益处有哪些？

　　微生态制剂本身也是一种生物活菌制剂，菌体蛋白营养价值很高，能够有效地分解利用养殖水体中对小龙虾危害极大的氨氮、亚硝酸盐、硫化氢等有毒物质，抑制有害微生物的繁衍，净化水质；还能够通过饵料进入消化道，抑制肠道内有害菌，分解转化肠道、血液及粪便中的有害物质，抑制其在小龙虾体内的积累；还能够显著提高小龙虾的免疫力。

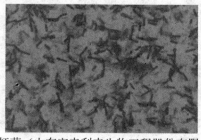

凝结芽孢杆菌（山东宝来利来生物工程股份有限公司提供）

微生态制剂具有易于发酵、投资小、效益高、使用方便等优点，既能全池泼洒调控水质、改良底质；也能作为饲料添加剂。菌体蛋白无毒、无害、无药残，益生菌的一些次级代谢产物能够抑制病菌，可以替代抗生素使用，减少病害，有效减少养殖排放水对环境的污染。

59. 微生态制剂的类型有哪些?

水产微生态制剂按用途分为 3 类。

（1）拌料内服　以提高虾体免疫力的饲料微生态添加剂，如酵母菌、乳酸菌、芽孢杆菌等。乳酸菌能定植于小龙虾肠道，增加消化吸收力，加快生长速度。

（2）改良水质　如光合细菌、芽孢杆菌、硝化细菌等，能够分解水体中的有害物质。

（3）改善池塘底部环境　用于分解池塘底部的腐败变质的有机质，降低氨氮、亚硝酸盐和硫化氢等有毒有害物质的浓度。各类菌种均有其自身的特性，要针对具体情况，科学合理地选用，才能最大限度地发挥其功效。一般来说，从当地或附近的池塘中分离筛选出来的菌种最适合本地池塘。配合益生元使用，能使益生菌活力更强，在池塘里定植，发挥出最大的效果。

60. EM 菌的特点及其使用方法是什么?

EM 菌是多种活菌的集合，一般包括：乳酸菌、芽孢杆菌、光合细菌、酵母菌等。EM 菌可以综合多种有益菌的优点，在有氧环

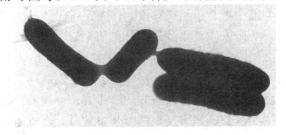

枯草芽孢杆菌电镜图（山东宝来利来生物工程股份有限公司提供）

境下分解有毒有害物质和病原微生物，参与水体中的物质循环，调控水产养殖环境达到生态平衡。但是，EM 菌多数是耗氧微生物，因此，在池塘缺氧时不能使用。在使用 EM 菌调控水质时，一定要注意增氧，保证溶解氧的充足。

61. 光合细菌的特点有哪些？如何科学使用？

光合细菌种类很多，一般在水产养殖中应用较多的是红螺菌科的荚膜红、沼泽红、球形菌、深红红螺菌等种类。多数为厌氧性或兼性厌氧菌，其细胞内含有类似于植物叶绿素的细菌叶绿素，在无氧的光照条件下发酵，可分解水体中的有机物，进行不产氧的光合作用，合成大量菌体，大量光合细菌同化消耗水体中的有机物，减少有机耗氧量，达到间接增加水体溶解氧的作用。光合细菌能吸收利用水中的硝酸盐、亚硝酸盐，有些还能吸收利用硫化氢等，因此，光合细菌有很强的净化水质的功能。

光合细菌喜光，宜于在晴天的上午使用，与发酵的鸡粪、牛粪或生物有机肥等一起使用效果更好。光合细菌的最适水温 28～36℃，可耐受 15～40 ℃，在 pH 7.5～8.5 的偏碱性环境下对浑浊、底质差、透明度较低的浅水改良效果显著。使用时用沸石粉吸附后泼洒也能显著提高其净水效果。新鲜的、活菌数多的光合细菌效果最好。它的细胞干物质中蛋白质含量高达到 60％以上，其蛋白质氨基酸组成比较齐全，细胞中还含有多种维生素，尤其是 B 族维生素极为丰富，生物素的含量也较高，还含有类胡萝卜素、辅酶 Q 等生物活性物质。因此，光合菌具有很高的营养价值，这正是它在水产养殖中作为培水饵料以及作为饲料添加的优点所在。

使用光合细菌的注意事项：水体消毒后，应在 48 小时以后再用；禁止用金属容器存放。光合细菌在常温环境下只能保存 6 个月，暂时不用的光合细菌要正确保存，方法是逐渐降温和减少光照后，放在温度较低的地方。品质好的鲜活的光合细菌是红色的，红色越深表示浓度越高；如果发现菌液开始发黑，并有恶臭味，是活菌死亡腐败所致。

62. 芽孢杆菌的特点和科学使用方法是什么?

芽孢杆菌,是一种革兰氏阳性菌,普遍存在于自然界的好气性菌,属芽孢杆菌属。无毒性,能分泌出活性较强的蛋白酶等多种酶类,能产生抗菌物质,能杀伤病原细菌、某些真菌、寄生虫和部分病毒等,并且有结合脂多糖、中和内毒素等作用,由芽孢杆菌制备的微生态制剂,可治疗由于肠道菌群失调引起的多种疾病。因其能以孢子体的形式存在,易于生产和保存,因此价格相对较便宜。

水产芽孢杆菌产品,一般是筛选出的可降低水体硝酸盐、亚硝酸盐而改善水质的菌种,不少芽孢杆菌能够消灭或减少病原体而改善水质。养殖水体中经常泼洒芽孢杆菌,能够有效地控制弧菌等致病菌的浓度,比抗生素更加有效。许多抗生素药物就是由一系列的芽孢杆菌产生的。芽孢杆菌能分泌多种降解病菌黏液和生物膜的酶类,使其渗透进革兰氏阴性菌的黏液层而消灭病菌。

芽孢杆菌的科学使用方法:第一,用前要先活化,由于产品多以芽孢的形式存在,需要先用培养基培养芽孢,使芽孢活化增殖后,再泼洒到池塘里,发挥其净化水质、杀灭弧菌的作用。第二,使用时要增氧,因为多数芽孢杆菌是好氧型细菌,要保持水体中有足够的溶氧量,才能更好地发挥芽孢杆菌改良水质的作用。

63. 硝化细菌的特点和科学使用方法是什么?

硝化细菌为化能自养菌,只能利用水体中的无机氮等无机物,属于好氧菌,分为亚硝化细菌亚群和硝化细菌亚群。亚硝化细菌可将水体中的氨氮氧化为亚硝酸氮,硝化细菌进一步将亚硝酸氮氧化为无害的硝酸氮。硝化细菌最大的缺点是在养殖水体中的繁殖速度很慢,很难形成优势菌群。水体中大量 NH_4^+ 等无机盐能促进硝化细菌的生长和繁殖,起到改良水质的作用。

硝化细菌的科学使用方法,一种是预先培养附着硝化细菌的生化培养球;另一种是向池塘中直接泼洒硝化细菌制剂。

硝化细菌适宜条件：pH 7～9，pH 低于 6 不利于硝化细菌生长；水温 30 ℃时活性最高；溶解氧含量高利于硝化细菌发挥作用。光对硝化细菌有抑制效应。应提高水中溶解氧含量并避免光照。

64. 如何科学使用粪链球菌控制水体中的亚硝酸盐浓度？

水生动物每天都要排泄粪便，还有尸体和残饵，会使水体中的氨氮、亚硝酸盐、硫化氢等有毒有害物质的浓度逐渐升高。合理选择使用益生菌，可以很好地控制这些有毒有害物质的含量。粪链球菌在控制养殖水体中的亚硝酸盐浓度方面非常有效，但是如果使用不合理，则会白白花钱而达不到应有的效果。正确的使用方法是将芽孢杆菌与粪链球菌搭配使用，因为粪链球菌不能利用大分子有机物，先使用芽孢杆菌把水体中的大分子有机质分解为中、小分子有机质，粪链球菌将会把这些中、小分子有机质直接分解为营养盐、氨基酸、肽类等，供给藻类生长所需。也可以将粪链球菌与光合细菌搭配使用，通过这种"菌-菌-藻"接力的作用，消耗掉水体中的氨氮、亚硝酸盐、硫化氢等有毒有害的有机质，为单胞藻提供适宜的营养。藻类是水体中天然的亚硝酸盐"降解器"，可以有效地清除掉水体中的亚硝酸盐，有效地控制亚硝酸盐的浓度。

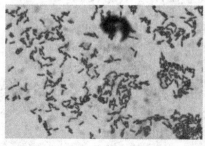 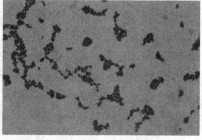

发酵乳杆菌（左）与粪球链菌（右）（山东宝来利来生物工程股份有限公司提供）

八、小龙虾的繁殖技术

65. 小龙虾的繁殖力如何？

小龙虾秋冬季产卵，一年一般产卵1次，大多数集中在9～12月交配、产卵、抱卵和孵化，也有少部分会在越冬后的春季产卵。产卵量与个体大小有关，体重25～40克的雌虾，一般每次产卵量在100～500粒，平均为200粒左右，个体越大，产卵量越多。

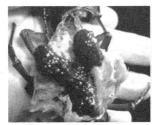

小龙虾的卵巢（左）、精巢（中）与抱卵虾（右）

66. 小龙虾的繁殖率如何提高？

在温度适宜，饵料充足，水草种类丰富，新鲜嫩绿，环境良好的条件下，小龙虾一般经过6～12个月的养殖，都可达到性成熟，当年繁殖出来的苗种，当年即可产卵繁殖。要保障亲虾的营养需求，饲料中脂肪含量不低于6%，蛋白质含量不低于30%，赖氨酸为1.66%，蛋氨酸为0.94%，淀粉含量为20.3%，饲料氨基酸平衡，不饱和脂肪酸含量适宜。饲料中添加0.02%的维生素E能够提高亲虾的繁殖力；饲料中添加硒、2.0%的海带粉、中草药提取物、0.5%～1.5%的壳聚糖、益生菌等可提高小龙虾的蜕壳次数，促进快速蜕壳，缩短蜕壳时间；投喂发酵饲料，能促进小龙虾的生长，提高肠道酶活性，增强免疫力，加速生长，提高亲虾的体重，从而提高产卵数、抱卵数和仔虾孵化率，显著提高亲虾的繁殖率。

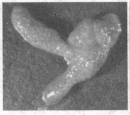

小龙虾交配（左）、卵巢（中）与精巢（右）

九、小龙虾的病害防控与治疗

67. 小龙虾的细菌性疾病如何防控？

小龙虾的细菌性疾病，主要是由细菌感染引起的，如红腿病、烂鳃病、瞎眼病、甲壳溃烂病、气单胞菌病、幼体弧菌病、幼体肠道细菌病、丝状细菌病等。要注意预防和提早治疗，预防方法：定期用蛋氨酸碘、过硫酸氢钾复合盐等第五代消毒剂，对养殖水体消毒。预防性用药量，夏季每半个月每米水深每亩用40～50克，全池均匀泼洒；春秋季节每月消毒1次即可，视具体情况增加或缩短消毒间隔期。发病治疗时用量要加倍，即每米水深每亩用80～100克。也可以将蛋氨酸碘拌料投喂，用量为一瓶盖拌入20～40千克料里，治疗时每2天投喂1次，连续喂1周。

68. 小龙虾的病毒性疾病如何防控？

小龙虾的病毒性疾病，是由于病毒侵入体内组织细胞而引发的，常见的小龙虾病毒性疾病有白斑综合征病毒病（WSSV）、蓝魔虾杆状病毒病、贵族螯虾杆状病毒病、桃拉综合征病毒病、黄头病、传染性皮下和造血组织坏死病、肝胰脏细小病毒病等。防控措施如下。

（1）预防为主，防重于治　定期消毒，一般每隔10～20天，用生石灰10～15千克/亩，加水调配成溶液后全池泼洒，既消毒防病，又能补钙和增加水体的碱度。

（2）定期在饲料中添加益生菌和营养素 如维生素、大豆发酵小肽类、免疫多糖类、乳酸菌、光合细菌等益生菌和营养素等投喂，可提高免疫力，抵抗病毒。

（3）定期消毒和改底 使用二氧化氯、聚维酮碘等定期消毒，最好是用氨基酸碘、过硫酸氢钾复合盐等改底和消毒，既消毒，又同时补充营养。

（4）其他 定期用切碎的大蒜末或大蒜素进行消杀；用中草药煮水泼洒也有很好的防控效果，如刺五加叶、大青叶、板蓝根、茵陈等都有消杀作用。

69. 小龙虾的寄生虫性疾病如何防控？

小龙虾主要的寄生虫性疾病有细滴虫病、微孢子虫病、单孢子虫病、尾孢子虫病、簇虫病、吸管虫病、孔肠吸虫病、原克氏绦虫病、固着类纤毛虫病（如累枝虫、杯体虫、聚缩虫、钟形虫）等。

防控寄生虫病主要有三个方面：第一，养殖前要清塘、清淤、消毒，杀灭寄生虫卵，清除寄生虫滋生环境；第二，防止寄生虫随着污染的水源水进入池塘；第三，防止野生动物如鸟类、蛙类和鼠类或周边污染寄生虫的池塘里的虾、蟹、甲鱼等进入池塘。

对于感染了寄生虫的小龙虾，早期可以用食盐水、辣椒、生姜、大蒜、蓖麻叶和青蒿等煮水泼洒杀虫；严重时泼洒醋酸铜、硫酸锌等杀虫剂杀虫灭卵。也可将患病小龙虾捞出来，在单独的容器内，用1/50 000浓度的硫酸镁加1‰浓度的盐水混合液，浸洗病虾10～20分钟，可杀死寄生虫；或用10克/立方米浓度的高锰酸钾溶液浸洗病虾20～30分钟，可杀死多种孢子虫等寄生虫。

多种中草药都有杀虫作用，如辣蓼草、银杏、苦楝子树的果、叶、树枝配以菖蒲、桑叶、马尾松熬汁兑石灰乳，全池泼洒，可杀死寄生虫和虫卵。

70. 小龙虾的真菌性疾病如何防控？

小龙虾的真菌性疾病主要有克氏原螯虾瘟疫病、水霉病等。

克氏原螯虾瘟疫病是由变形藻丝囊引起的一种侵染性病害，感染几周后死亡，死亡率高达 66%。病虾会逐渐瘫痪，白天活动异常，病虾体表有黑褐色斑，附肢或其基部可发现真菌的丝状体。

水霉病又称覆绵病或水绵病，主要危害幼虾，一般发生于水温 8～20 ℃的水体中。患病初期小龙虾尾部附肢基部有不透明的小白斑点，不久小龙虾消瘦乏力、行动迟缓，常浮出水面或依附于水草露出水外，伤口处的肌肉组织中长满菌丝，导致组织细胞逐渐死亡。

防控方法：养殖池塘要定期消毒，控制真菌的浓度，定期使用益生菌，如 EM 菌、发酵的枯草芽孢杆菌、硝化细菌、光合细菌、酵母菌、乳酸菌等调控水质，也可使用中草药消灭真菌。

71. 小龙虾病害的综合防控如何做好？

防控病害的最有效途径是加强预防，定期消毒，消灭病原滋生环境，切断传播途径，防重于治。综合防控的关键是管理好水质、吃食、消毒等重要环节。病原主要从小龙虾的口、鳃和体外伤口处进入虾体，要防控好这三个入口。在蜕壳前期，要及时补充钙、镁等矿物质及微量元素、大豆发酵小肽类、益生菌、短链脂肪酸（SC-FA）及其盐等饲料添加剂，这些都有抗菌活性，并可改善肠道菌群；增强消化酶活性、促胰腺分泌、促肠上皮发育、保障肠道屏障的完整性、抗炎。丁酸钠盐在肠道内可预防肠炎，钝化抗营养因子，增强体质和抗病力。小龙虾繁殖力较强，同池养殖的龙虾有时会出现祖孙世代同堂现象，这会引起打斗伤残现象，要尽量避免不同规格的虾养殖在一起。小龙虾容易近亲交配繁殖，这会使优良种质特性退化，生长趋缓，抗病力下降，要注意经常更新亲虾，避免近亲繁殖。最好轮换养殖不同的淡水品种，或引进良种，将单性良种虾投放入养殖池，利用不同生态区系的虾所具有的不同的遗传变异性，杂交选育速生、抗病的良种虾，一般远缘杂交会有好的杂种优势。

第九章

稻虾共作、连作或轮作
综合种养技术

72. 什么是稻虾共作、连作或轮作综合种养？

稻虾共作综合种养模式，就是种植水稻与养殖小龙虾同时、同池进行，稻虾共生于一个池塘里，但是一般要错开虾吃稻芽的阶段，科学操作可以互利共生。

稻虾连作综合种养模式，就是种植水稻与养殖小龙虾分开，在利用种植水稻的闲暇季节养殖小龙虾，种植和养殖接力进行，互不干扰。在秋季水稻收割后，放养小龙虾，越冬养殖到第二年的春季，小龙虾养殖成功，捕捞上市后，再种植水稻。

稻虾轮作就是等到小龙虾养殖成功，收获之后，再种植水稻，水稻收获之后，在稻田空闲的时期再养殖小龙虾，第二年不种水稻了，等到第三年的6月，再种1季水稻，每三年进行一个轮回。3种模式详述如下。

（1）稻虾共作综合种养的"2＋1"模式　在种植水稻的稻田里，同时养殖小龙虾，一般是种植1季中稻或晚稻，养殖2季小龙虾，实现一水两用、虾稻共收的目的。在稻田的四周开挖环沟，田中挖"十"字或"井"字形的1.2米左右的深沟，沟里放养小龙虾。小龙虾不仅可以吃掉稻田里的害虫及其虫卵和幼虫，充当水稻的卫士，还可以每天排泄粪便，为水稻施肥，实现稻虾互利共生、减少农药和化肥的使用，达到稻虾有机结合的高效、节水、生态、健康养殖目的。但是小龙虾对水稻嫩芽有一定的危害，所以，在水稻发芽期，可以通过控制稻田水的深度和干塘等措施，迫使小龙虾进入四周的环沟内，然后及时封闭环沟与稻田的通道，等水稻长大了，再打开通道，让小龙虾进入稻田捕捉害虫和肥田。采取双季放养幼虾的"2＋1"虾稻模式，即在4月投放幼虾，养殖到6月收获成虾，接着种植1季水稻，到9～10月，中稻或晚稻达到成熟收获期，在收获水稻前的8月，可以投放第二季虾苗，此时，水稻已经不怕虾苗啃咬损伤了，虾苗养殖到第二年的4月，达到商品虾规格，收获成虾后，再投放1季虾苗，巧妙地错开了小龙虾对水稻的危害。

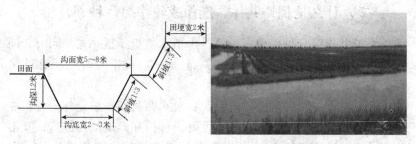

稻虾综合种养田平面设计图（左）与稻虾综合种养田（右）

（2）稻虾连作综合种养的"1＋1"模式　养殖1季小龙虾，种植1季水稻，虾稻错开季节，接续进行。在水稻长成快收割时的9～10月，放养小龙虾亲虾，亲虾在稻田里钻洞、冬眠、越冬，翌年春季繁殖、生长，到5月长成，收获成虾。6月整田，插秧种植中稻或晚稻。8～9月中稻或晚稻收割前，再投放小龙虾亲虾，中稻收割后再投放小龙虾，即10月至翌年5月在稻田里育虾，春季繁殖出来的小苗生长到5月，成为商品虾，5月底收获成虾。6月整田插秧再种中稻，同时育亲虾，10月至翌年5月再育苗养虾，循环轮替。

（3）稻虾轮作综合种养"3－1－2"模式　5月先种植1季水稻，到8～9月水稻成熟，将稻米收获，稻秆留在稻田里，秋季开始，在充满稻秆的闲置稻田里养殖2茬小龙虾，第二年不种水稻，完成2季小龙虾的养殖。等到第三年的6月再种植1季水稻，每三年进行一个轮回。在这种三年2季虾1季稻的轮作方式下，虾粪肥田，并且吃掉了寄生虫及其虫卵，能够使稻田保持较高的产量，稻田生态环境得到恢复，稻秆能给小龙虾提供充足的食物和栖息隐蔽环境，小龙虾可以在水稻收割前的 1 个月放养，水稻也能较少病虫害，这是一种非常经济高效的稻虾综合种养方式。

稻谷收割后留有稻秆的稻田里养殖小龙虾蜕的壳

73. 稻虾综合种养的春季管理技术有哪些?

稻虾综合种养池塘的春季管理，主要做好以下 5 点。

（1）**稻田虾沟里水位的管理** 管理好水位就是管理好水温，水温好才能保活和促生长，尤其是在北方，春季气温上升不稳定，容易出现"倒春寒"现象，要加强管理。气温低时要加深水位，气温高时要降低水位，有利于提高稻田虾沟里的水温，促使小龙虾加快摄食生长。可以设置一个蓄水池，以辅助管理稻田的水位，降温时将蓄水池里的水排入稻田虾沟以加深水位，水深利于保温；升温时再将稻田虾沟里的水排入蓄水池储存起来，降低虾沟里的水位，利于升温。

（2）**要做好水质肥度的管理** 透明度 20 厘米为宜，水质肥度

53

好，饵料食物丰富，虾体壮，抗病力强，病害少，勤用微生态制剂改良水质。稻田和虾沟里可以施生物有机肥，利于水稻和水生植物的生长。

（3）营养与饵料投喂的管理 吃好才能体壮，幼虾饵料偏动物性蛋白质，成虾饵料可以增加植物性蛋白质的含量，饵料要新鲜，营养要全面，氨基酸要平衡，适口性好。杜绝一切过期、霉变、腐败的饵料。

（4）做好捕捞管理 小龙虾生长速度较快，一般经过2个多月的养殖，就可达到商品规格。从4月就可以开始用地笼网捕大留小、轮捕上市了，及时捕捞上市可以降低稻田里虾的密度，增加亩产量。根据捕捞量的多少，可在5～6月补放一些3～4厘米规格的幼虾，以存塘量3 000～5 000尾/亩为宜。

（5）做好病害防控和防逃管理 防控蛙、鼠、蛇、鸟类和甲鱼等爬入小龙虾池塘带来病菌或蚕食小龙虾，蛙、鼠、蛇、鸟身体往往携带各种病毒、病菌和寄生虫等，务必要加强防范。必须设置进水过滤网和防逃网。

稻田四周的虾沟（左）和防逃设施（右）

74. 如何在稻虾养殖环沟里种植水草？

稻田养殖小龙虾也要养护好环沟里的水草，种植适量的轮叶黑藻、苦草、金鱼藻、伊乐藻、菹草等沉水植物；搭配水花生、水葫芦等浮根植物。秋末冬初，稻田已收割完毕，将部分粉碎的秸秆还田，晒田5～7天后就可以进水种植水草了，要根据稻梗腐烂程度及水质的好坏适当换水，池水深度控制在15厘米左右，用生石灰或漂白粉全池消毒，待消毒剂药性消失后移栽伊乐藻，种植行距为10～15米、株距为2～3米，移栽后可施用益生菌护草和壮草。

水草的栽种方法：在小龙虾放养前，可采用栽插法、踩栽法、播种法、移栽法、培育法、捆扎法等，待水草成活后再投放小龙虾；对于浮萍、水葫芦等漂浮植物，可采用抛入法。在虾种放养前分区栽种，也可随时补栽，水生植物的生长面积控制在水面的25％～50％。

伊乐藻（左）、菹草（中）与金鱼藻（右）

75. 春季稻虾的投喂管理技术有哪些?

春季是小龙虾生长最旺盛的季节，自然界中小龙虾的蜕壳多集中在3～6月，蜕壳周期短，需要的营养多，稻田的虾沟里投放虾苗后，要及时肥水和培养丰富的浮游生物，使饵料品种多，营养全面。饲料要讲究营养平衡，科学搭配，确定每天合理的投喂量和投喂次数，杜绝投喂不足和饲料过量，过量投喂会使小龙虾患肠炎，影响生长，还额外增加成本和残饵坏水。一般情况下，投喂量为小龙虾体重的3％左右，要根据气温和小龙虾摄食情况灵活调整。傍晚的投饵量占60％，白天的投饵量占40％。白天投饵后在2个小时吃完为宜，如果饵料有剩余，要适当减少投喂量。

76. 春季稻虾综合种养的水质监测和管理技术有哪些?

春季是小龙虾生长的关键时期,一定要加强水质监测,调控好水质,促使小龙虾健康生长,否则会发生各种疾病,导致养殖的失败,如"五月瘟"等,给养殖带来极大的损失。

良好的水体中的 pH 早晚要有些变化,pH 变化范围控制在 1 以内为宜;溶氧量始终在 3 毫克/升以上;氨氮、亚硝酸盐、硫化氢等理化指标控制在安全浓度范围内。每隔 3~5 天施用酵母菌、光合细菌、EM 菌等生物制剂分解水体中每时每刻都在产生的粪污,如氨氮等有机污染物。每日早晚巡田,观察稻田水草的变化情况,根据水草和浮游生物量来判断水质的变化,透明度保持在 20 厘米左右,水体不可过瘦和过肥。只有保持优良的水质,才能促进小龙虾快速健康地生长、保证适时捕捞,才能不延误水稻的栽培种植期,确保稻虾双丰收。

77. 稻虾综合种养的夏季管理技术有哪些?

按照稻虾连作的常规安排,每年的 5 月底至 6 月初,要将稻田里个体较大的小龙虾全部捕捞上市,夏季稻田以水稻栽培种植管理为主,8 月和 9 月稻田晒田时,留田的小龙虾后备亲虾会跑到环沟里活动,田面灌水时,小龙虾会进入田面中间捕虫觅食。

夏季要加强疾病防控,以生态预防为主,做好稻田工程、水草养护、移栽及水质调节等措施。不使用化学药物和无机化肥,但可以定期用益生菌、生物有机肥、腐殖酸等促进水稻生长。可以定期用消毒剂调节水质,消毒剂以外的其他药物都可能污染水体或导致病原体的耐药性。可以泼洒聚维酮碘、季氨盐络合碘或二氧化氯等消毒剂进行水体消毒,每 10 天消毒 1 次,消毒剂要轮换交替使用,剂量按照所购产品的浓度参考说明书使用。夏季投饵时,饲料中经常添加一些免疫增强剂可以有效地提高小龙虾的抗病力,预防病害,如 β-葡聚糖、壳聚糖、海藻粉、小肽类以及多种维生素合剂等,可提高小龙虾的抗病力。每 7~10 天用大蒜末或中草药(如板蓝根、大黄、鱼腥草、刺五加叶)等添加到饲料中投喂,将中草药煮水拌饵投喂,剂量为 0.6～0.8 克/千克虾体重,连喂 3 天,可以有效地预防疾病。

78. 适合稻虾综合种养的水稻品种有哪些?

水稻的品种很多,有早、中、晚稻三大类,其区别在于对光照反应的不同。早、中稻对光照反应不敏感,各种季节种植都能成熟;晚稻对短日照敏感,严格要求在短日照条件下才能通过光照阶段,抽穗结实。晚稻似野生稻,是由野生稻演变成的基本型,早、中稻是由晚稻在不同光温条件下分化形成的变异型。北方稻区的水稻属早稻或中稻。

选择稻虾田里的水稻品种,可以从以下 3 个方面考虑。

(1) 要选择适合当地气候和土壤环境的高产、高抗优良品种,以中稻或晚稻品种为好。

(2) 选择叶片张开角度小的品种,以尽量给稻虾提供较多的光照。

(3) 选择抗病虫害、抗倒伏、耐肥性强的紧穗型品种。一般多采用大垄双行种植法种植水稻。

第十章

藕虾综合种养模式

79. 藕虾综合种养的优缺点和应对措施有哪些?

藕虾综合种养的优点是小龙虾与藕共用一个池塘,一水两用,既种藕又养虾,提高效益,属于生态高效节水养殖。藕田中的水草、浮游生物和底栖动物为虾的天然饵料;虾的排泄物为藕的营养,建立"一藕一虾"共育系统中物质循环和能量流动,发挥了虾的除草、肥水、食虫、护藕的生态功能;减少了农药、化肥、饲料的投入,经济效益和生态效益显著。小龙虾可以吃掉腐烂变质的藕,保持藕的品质;藕可以及时将小龙虾的排泄物吸收利用,维护稳定的水环境,实现藕虾综合种养的良性循环。

藕虾综合种养也有一些缺点,主要是藕田混养小龙虾后,对藕的施肥及用药都有着较大的限制。而且小龙虾会吃掉新发出来的藕芽,影响藕的产量。为此,需要采取特殊的管理措施。第一,要坚持施腐熟的生物有机农家肥,不施氨水及碳酸氢铵等化肥;第二,藕塘田施用无公害的生物制剂,禁用菊酯类杀虫剂;第三,加强藕田的水质管理,合理控制藕的密度,防止夏天藕叶过密遮蔽水面,影响藕的光合作用,及时清理死亡的藕,否则会出现坏水,导致虾、藕大面积死亡。

80. 藕虾综合种养前的藕田如何准备?

藕田应远离污染源,选择非沙土的土质,土层深厚,富含有机质,pH 中性,水量充足,水质无污染,排灌方便,面积以 10~20 亩为宜。做好进排水系统及防逃设施建设。

山东东平湖大排河周围的藕虾池塘,进水主要靠地下渗水。要在藕池一侧建设排水沟,由排水沟单独排水。

防逃设施:排水口安装双层密网或铁丝网等封口扎牢,防止小龙虾逃跑和敌害进入。池埂四周用塑料网布建防逃墙，下部埋入土中 10~20 厘米，上部高出池埂 40~50 厘米，每隔 1.5 米用木桩或竹竿支撑固定。入冬前沿藕田的田埂外缘，向田内 5~6 米处开挖环形沟，在堤脚距沟 2 米处开挖，沟宽 2 米、沟深 1 米左右；并在田中间开挖"十"形田间沟，沟宽 1~2 米、沟深 0.8 米，坡比 1.0∶1.5。平整藕田的池底。

在藕池四周离田埂 1 米开外处开挖环沟，沟宽 2~3 米、深 0.6~1.0 米，坡比 1∶（3~4）。开挖出来的泥土用于加固、加高和夯实田埂。

有条件的可安装视频在线监控系统，实现养殖远程监管，提高水产养殖业的自动化、信息化管理水平。

81. 适合与小龙虾共生的藕品种有哪些？

适合藕虾的藕品种，宜选择植株较高大的中熟或晚熟品种，如鄂莲 5 号、鄂莲 6 号、鄂莲 8 号、鄂莲 9 号、太空莲 36、"满天星"子莲等。

适合山东东平湖周边地区种植的藕有暖瓶胆品种等，亩产净藕 1 500 千克左右。挑选藕头饱满、顶芽完整、藕身肥大、藕节细小、后把粗壮、色泽光亮、整齐一致、无畸形、无病虫害的整藕作为藕种种植。

藕 池

3 月上旬，在藕定植的前 15 天，将田间水深落至 5~10 厘米，每亩施腐熟的猪粪 2 000 千克，或腐熟的鸭粪、鸡粪 500 千克，再加含量 45% 的优质生物复合肥 50 千克。施后耕整，融泥层保持在 20 厘米左右。3 月下旬至 4 月中旬定植藕种，每亩挑选种藕 200 支，周边距围沟 1 米，行株距以 4.0 米×3.5 米为宜，池边每穴栽 3 支，藕头朝向田内。中间每穴 4 支，每亩栽 50 穴左右。栽时藕头呈 15°斜角插入泥中 10 厘米，末梢露出泥面。

82. 藕虾综合种养田的水位精细化管理技术有哪些？

藕栽后至封行期间，应缓慢加深水位，水深从 5 厘米逐渐加深到 10 厘米。进入夏至后，灌深水位达 20～30 厘米，以便小龙虾到藕田摄食害虫。6～8 月，保持水深 40～80 厘米；9～11 月，保持 20～30 厘米的水位；12 月至翌年 2 月，保持 40～60 厘米的深水位；翌年 3～5 月，再恢复 5～10 厘米的浅水位。具体水深还要根据藕田的具体条件和不同季节的水深要求灵活掌握。每天注意观察藕田的水质情况，如发现小龙虾夹断荷梗较多，则适当降低水位。荷梗变粗变老后，小龙虾不再夹荷梗，应加深水位。

藕池（左）与藕虾混养池塘（右）

83. 藕虾综合种养田如何施肥促进藕的生长？

适时追肥可以增加藕的产量和品质，在藕立叶抽生后，要追施窝肥，每亩追施优质生物有机复合肥 20 千克。快封行时，再满田追施肥 1 次，每亩追施优质生物有机肥 30 千克。盛花期还要再追施结子肥 1 次，每亩追施优质生物有机肥 40 千克，确保莲蓬大、籽粒饱满。追肥时，如果肥料落于叶片上，应及时用水清洗。

84. 藕虾综合种养的水质调控关键技术有哪些？

藕田的自净能力较强，可净化水质、改善空气，但藕叶覆盖水面后，水体光照不足，水质会逐渐变差，需要增氧和消毒。一般泼洒生石灰进行消毒，改善水质，消灭病菌，降低病害，增加水体中的钙含量，促进小龙虾蜕壳生长。藕种植前要施足基肥，根据藕苗的生长情况，适时适量追肥，藕田生长期的水位控制原则是"前浅、中深、后浅"。藕萌芽生长期的水位控制在 4～7 厘米，茎叶旺盛生长期水位控制在 12～15 厘米，幼虾放养时水位 40 厘米为宜，夏季水位最高，保持在 70～80 厘米，结藕期水位 4～7 厘米，环沟正常水深保持在 1.0～1.5 米。6 月后，要加强水质管理，每 15～20 天换水 1 次，每次换水量为原水量的 1/3，同时每 20 天泼洒 1 次生石灰水，每次每亩用生石灰 10～15 千克。

85. 藕虾综合种养田里的病虫害如何控制？

藕虾田里藕的主要细菌性病害有褐斑病、腐败病、叶枯病等。种植前要选用无病的种藕，经消毒杀菌后再种植。如果遇到藕发病，在发病初期可选用低毒的生物农药喷雾防治。

藕田里主要的虫害有斜纹夜蛾、蚜虫等。斜纹夜蛾需人工采摘三龄前幼虫群集的荷叶，清除杀灭；蚜虫可在田间插粘虫黄板进行诱杀。在池塘四周设置 10～20 个捕虫灯，捕获的昆虫可以喂虾。

第十一章 澳洲淡水龙虾养殖技术

一、澳洲淡水龙虾的生物学习性

86. 澳洲淡水龙虾的生活习性有哪些？

澳洲淡水龙虾是热带虾，对温度的要求较高。幼虾的养殖水温一般不能低于 15 ℃，成虾的养殖水温一般不低于 10 ℃，若水温长期低于 5 ℃，成虾就会死亡，若水温低于 15 ℃，会引起澳洲淡水龙虾稚虾和幼虾的死亡。这一点是与淡水小龙虾不一样的地方，淡水小龙虾会在低温时打洞休眠。

澳洲淡水龙虾属底栖类甲壳动物，喜欢栖息在水体中较为隐蔽的底层，有占地盘、趋向活水和逆水移动等特性，喜阴怕光，喜攀附爬逃。用鳃呼吸，水体溶氧条件对其生长和发育速度的影响十分明显，溶氧量显著影响澳洲淡水龙虾的食物转化速度，也影响水体

澳洲淡水龙虾的仔虾和金鱼藻

内有毒物质的分解代谢。澳洲淡水龙虾相比淡水小龙虾而言比较耐低氧，但是当水体溶氧量始终维持在 4 毫克/升以上时，会加速其生长发育。澳洲淡水龙虾一生要蜕壳 20 多次。

87. 澳洲淡水龙虾的繁殖习性有哪些?

澳洲淡水龙虾个体大，生长发育速度快，一般当年繁殖出来的幼苗生长发育 6 个多月就能够达到性成熟。如果条件适宜，澳洲淡水龙虾 1 年内可以多次抱卵繁殖。受精卵产出后附着于母虾的腹部，这时的雌亲虾称为抱卵虾。每 1 次的抱卵量依雌虾体重和营养状况而有很大的不同，一般是从上百粒到数千粒。50 克重的雌虾抱卵数为 300～600 粒，100 克重的雌虾抱卵数为 600～1 000 粒。抱卵后的雌虾不论是活动还是摄食时，都会不停地用游泳足扇动水流给卵供氧，并保持恒定的孵化条件。当有扰动时，亲虾会立刻用尾部卷护住卵块，避免虾卵受到损害。孵化时间的长短取决于温度，要经过 26～46 天的时间仔虾才能孵化出来。

养殖澳洲淡水龙虾的水温应控制在 23～27 ℃。雌虾性情温和，有护幼习性。虾苗孵出后 7～12 天，仔虾会一直围绕在雌亲虾的腹下部卵壳处生活，方便受到雌虾的保护，发育到稍微健壮以后才会离开母体独立生活。

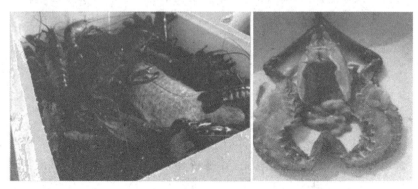

澳洲淡水龙虾的种虾（左）与其生殖腺解剖图（右）

澳洲淡水龙虾一生从稚虾长到商品虾一般要蜕壳 20 多次。蜕壳时容易受到攻击而死亡，要注意保护。养殖水体中多设置供其隐蔽藏匿的各类洞穴，仿生态巢穴可以显著提高澳洲淡水龙虾的产量。

二、澳洲淡水龙虾养殖池塘的准备

88. 澳洲淡水龙虾的养殖池如何建造?

澳洲淡水龙虾养殖池塘应选择在通风向阳、水源充足、水质无污染的地方建造，池塘东西走向，可以提高太阳光的照射时间，提高池塘天然能量的输入量，培养充足的浮游生物。池塘大小规格以 5～10 亩为宜，水深 1.5 米以上，以沙壤土底质为宜，池底部要平坦，塘边坡度为 25°～30°，进、排水通道要分开，设置防护、防盗和防鸟设施。

设置防逃网，排水口的防逃网以 20 目（8 孔/厘米）的网片为宜，田埂上的防逃网可用水泥瓦、防逃塑料膜制作，防逃网高 40 厘米，顶端向内侧倾斜。

设置进、排水口，进、排水口分别位于稻田或池塘的两端，呈对角位置设置，进水渠道建在稻田一端的田埂上，进水口用 20 目的长形网袋过滤进水，防止敌害生物随水流进入。排水口建在稻田另一端环形沟的最低处，用 200 毫米的 PVC 管，设置成曲管，双套筒型的。

三、澳洲淡水龙虾的苗种运输与投放技术

89. 澳洲淡水龙虾放养的时间和规格如何确定?

放养澳洲淡水龙虾苗种的最适时间取决于当地的水温，以水温稳定在 10 ℃以上时投苗为宜，一般在 4 月上旬开始，5 月底或 6 月初之前完成投苗。

放养的规格一般是越大越好，但是个体过大不利于运输。一般

选择体长 3～5 厘米的虾苗，易于运输和放养，成活率较高。每亩
水面可放养 5 000 尾左右，澳洲淡水龙虾恃强凌弱，大虾吃小虾，
而在大虾蜕壳时小虾也会攻击大虾，因此，投苗前池塘里要设置足
够多的人工洞穴。同塘放养的苗种规格尽量整齐一致。澳洲淡水龙
虾的最佳生长温度是 28～32 ℃，一般水温低于 15 ℃ 就会停止
生长。

90. 澳洲淡水龙虾的运输成活率如何提高？

澳洲淡水龙虾耐干能力较强，便于苗种和亲虾的长途运输，可
用柳条或竹篾筐装运，也可用打孔的泡沫箱空运。装箱前将虾体冲
洗干净，每箱可装运 10～15 千克，途中要保湿。在气温不超过
28 ℃条件下，24 小时内运输成活率达 100%。

商品虾的运输方法一样，但是运到后要把虾疏散在大容器内，
可 8～10 ℃冷藏，淋水保湿，切忌将大批虾集中静养在有水的拥挤
的容器内，以免因密度过大，水中缺氧而窒息死亡。

澳洲淡水龙虾的泡沫箱运输方式

91. 澳洲淡水龙虾的苗种如何投放？

澳洲淡水龙虾虾苗最适投放时间以 4 月上旬为宜，还要看气候
温度，待温度稳定在 20 ℃左右时就可以放苗了。

放苗的密度取决于池塘四周的弯曲程度、水生植物丰富度、水

草疏密程度、池塘底部环境和池塘立体空间等。体长 3~5 厘米的虾苗，每亩可放养 5 000 尾以内。澳洲淡水龙虾具有占地盘的习性，也会强欺弱、大吃小和自相残杀，同池放养的苗种要大小一致，规格整齐，在适宜的温度、密度和稳定的环境下，澳洲淡水龙虾生长发育很快。

澳洲淡水龙虾苗种（左）和池塘里的空心菜浮床（右）

四、澳洲淡水龙虾的营养与饵料投喂技术

92. 澳洲淡水龙虾饲料的消化吸收率如何提高？

在饲料中添加发酵豆粕、花生麸等含有小肽的营养素，既能提供澳洲淡水龙虾和浮游生物的直接饵料，又能培育浮游生物，增加鲜活饵料蛋白质的来源。发酵原料中携带的酵母菌、乳酸菌、枯草芽孢杆菌及其分泌物等，能促进澳洲淡水龙虾的肠道益生菌的形成，维护肠道健康，有助于提高酶活性，提高饲料的消化吸收率。

养殖过程中要定期排水、换水，蜕壳前要注意在饵料中添加维生素、矿物质微量元素，饲料中添加混合维生素 C 和多糖类物质，增加澳洲淡水龙虾的抵抗力，提高成活率。

93. 澳洲淡水龙虾不同生长阶段的投喂量如何掌握？

一般给澳洲淡水龙虾投喂的饲料多数是蛋白质含量为 34％的

对虾饲料,多采用动物性饵料结合植物性饵料进行投喂。高温季节,最好适当地增加一些植物性饵料的投喂,如南瓜、胡萝卜、薯类等,最好是从养殖中期开始逐步增加植物性饵料的投喂。要根据不同生长阶段控制好澳洲淡水龙虾的投喂量,体长 5 厘米以下时,日投饵量为体重的 10%;体长 5～10 厘米时,日投喂量为体重的 8%;体长大于 10 厘米时,日投喂量为体重的 5%。清晨与傍晚投喂量的比例分别为 20%～30% 和 70%～80%。

五、澳洲淡水龙虾的养殖管理技术

94. 澳洲淡水龙虾养殖的成活率如何提高?

采用清水放苗比较安全,可以有效地减少病害。在放苗后第二天开始投喂人工颗粒饵料,饵料品质要好,且粒径要适口,池塘里种植漂浮植物,如水花生、水葫芦等,以提供新鲜植物性饵料。每天投饵 2～3 次,早、晚各投喂 1 次,24:00 增加 1 次,投饲量占虾体重的 5%～10%。澳洲淡水龙虾的大部分摄食活动是在黄昏开始的,所以,傍晚的投饲量要占全天的 70%～80%。

水花生(左)与水葫芦(右)

饲料应沿池塘的边缘投在浅水处,投喂要均匀,定点、定位、适量,防止争食打斗。残饵应及时清除,避免败坏水质,合理投喂和科学的营养素搭配有利于提高虾的成活率。池底设置足够多的隐蔽物，如人工巢穴、蜂巢状 PVC 管、瓦片等，供虾隐蔽栖息，池塘底部隐蔽物的面积约占 1/5，澳洲淡水龙虾能快速寻找到隐蔽场所而蜕壳生长。

95. 澳洲淡水龙虾的仿生态环境如何设置？

在池底放置适量的竹筒、瓦片、PVC 管、树枝、假水草等遮蔽物，作为澳洲淡水龙虾的隐蔽栖息场所，一般占池塘底部面积的 4/5 左右。池塘里可以种植多种多样的水生植物，包括沉水植物、挺水植物和浮水植物；可以设置空心菜、水浮莲、茭白、水芹、羽衣甘蓝、慈姑等植物浮床。要养护好植物，避免腐烂坏水，新鲜植物既是维生素的补充原料，又能够及时清除氨氮、亚硝酸盐、硫化氢等有毒有害物质，净化水质。

放置有凹槽的薄木板等，凹槽的底部留有微孔，凹槽内放置颗粒营养基质。

浮床制作中（左）与浮床种植植物（右）

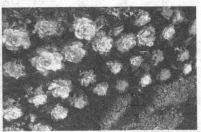

耐寒植物——羽衣甘蓝紫红品种（左）与黄色品种（右）

慈姑芽（左）与慈姑苗（右）

浮床种植的空心菜

96. 澳洲淡水龙虾养殖的春秋季管理如何做好？

春秋季是澳洲淡水龙虾生长发育最快的时期，管理好才会有高产。春季注意化冰后清淤，用茶籽饼、消毒剂或中草药对池底进行彻底消毒，解毒后调水，保持适宜的透明度。春分后，温度逐渐回升，南方地区开始投放苗种，此时要重点防控真菌性水霉病和一些病毒性疾病等。北方要注意防控倒春寒等气候变化，等到温度回升并稳定在10 ℃以上时再投放苗种，晴天可降低水位，利于水温升高，谷雨后要注意防控细菌性、病毒性和寄生虫性疾病。

秋季的早晚温差逐渐增大，要重点防控寄生虫病，及时施用中草药杀虫预防。及时将达到商品规格的澳洲淡水龙虾捕捞上市，并留存好亲虾，为繁殖做好后备亲虾，可用中草药杀灭原虫、小三毛金藻等寄生虫。秋末入冬前，将澳洲淡水龙虾全部转移到温室大棚，保温越冬。

澳洲淡水龙虾后备亲虾（左）与抱卵虾（右）

97. 澳洲淡水龙虾的夏季管理如何做好？

夏至到大暑期间，澳洲淡水龙虾摄食旺，生长快，投料多，水质多变，要重点做好水质管理和水草的养护。要注意预防雷雨、阴雨天气所致的缺氧现象，及时增氧，控制浑水，定期使用大蒜、中草药等，预防寄生虫病。高温季节藻类会迅速生长繁殖，注意将多余的水草及时捕捞清除，控制池塘里的水草在 1/3 面积左右。防止水体缺氧，透明度要维持在 40 厘米左右。每周要用 1 次益生菌进行调水和改底，用发酵饲料改善其肠道菌群。

98. 中草药对小龙虾病害有何功效？

中草药是一些天然植物，具有天然、高效、低残留、不易导致耐药性等特性，是我国的瑰宝，在水产动物健康养殖中的重要作用不断被发现，常常被用作诱食剂、生长促进剂、抗菌剂、免疫增强剂，是抗生素、化学药物、疫苗和其他合成化合物的最佳替代品。

中草药含有的氨基酸、有机酸类、生物碱、聚糖类、挥发油、蜡质、苷类和鞣质等物质及一些未知的免疫活性因子等，可以影响虾、蟹的非特异性免疫系统，有效地激活和诱生多种细胞因子，提高虾、蟹的抗病力。中草药的作用机理是可以诱导机体免疫细胞产生干扰素、肿瘤坏死因子和白细胞介素等细胞因子，增强非特异性免疫力和特异性免疫力；提高自然杀伤细胞（NK）、巨噬细胞活性和促进 T 细胞增殖增强细胞免疫功能；提高溶菌酶、溶血素和补体含量，增强生理防御功能；促进虾蟹类免疫器官的发育，调节肠道微生态平衡，抑制致病性病原体增殖，减少肠道疾病。中草药含有多种抗病菌、消炎、抗病毒的有效成分，如多糖类和微量元素等。多糖类能够提高免疫力。有机酸、甙类可诱导细胞产生干扰素等，具有杀菌、消炎、抗病毒等作用。多数清热解毒类中草药中所含有的生物碱、黄酮、香豆精等，能有效抑制或杀灭病原微生物。黄连素可与病原微生物的 DNA 形成复合物，抑制其 DNA 的合成。黄柏能影响细菌的呼吸，抑制 RNA 的合成。金银花可作用于细菌的细胞壁，抑制细胞壁合成。黄芪、艾蒿可刺激细胞产生干扰素，直接抑制或破坏病毒和病菌的增殖能力。黄芪、刺五加、党参、商陆、马兜铃、甜瓜蒂、当归、淫羊藿、穿心莲、大蒜、茯苓、水牛角、猪苓和百合等可作为免疫增强剂，提高抗病力。银杏（白果）中含有白果酸、白果酚等，有抑菌、杀菌作用，白果水浸剂对各种真菌有不同程度的抑制作用，可治疗真菌病。银杏叶中含莽草酸、白果双黄酮、异白果双黄酮、甾醇、银杏酸等，银杏酸是水溶性的，用银杏叶的水浸液可以作为池塘酸碱度添加剂或水体解毒剂。银杏黄酮等是脂溶性的，银杏叶的酒精浸液有很好的药用价值。松树的针状叶，即松针有良好的药用价值，磨碎后添加到饲料中，可以显著增强小龙虾的体质，防止体内蛋白质代谢产生的自由基对组织的氧化损伤，松针中所含的蛋白质的氨基酸种类丰富，含有 40 多种常量元素和多种维生素以及微量元素，可以增强小龙虾的免疫力和促进断肢再生及蜕壳，松叶煮汁和其残渣都是宝，可制作饲料添加剂、发酵有机肥等，松针中含有的脂肪、胡萝卜素等营养物质都可增强小龙虾的体质。枸杞含有甜菜碱、阿托品和天仙子胺、枸杞多糖等有效成分。甜菜碱属于季胺碱类物质，是甲基供体，对脂质代谢和保护肝胰脏有效；枸杞多糖是水溶性的，有清除自由基、抗辐射、提高免疫和繁殖力等功能。枸杞色素含有叶黄素、类胡萝卜素等，有保护血管、抗氧化和合成维生素等功能。桑叶含有槲皮素、酚类化合物、维生素C、芸香苷、异槲皮素、香豆素、氯原酸等药用成分，具有消肿、抗菌等作用。桑树中所含的天然生物碱——1-脱氧野尻霉素（DNJ）是一种强效糖代谢酶抑制剂，还有抗逆转录酶病毒，抑制RNA类病毒等作用。桑叶中所含的类黄酮、类黄酮槲皮素-3-β-D吡喃葡萄糖苷、槲皮素-3-7-二氧-β-D-吡喃葡萄糖苷、γ-氨基丁酸及维生素等，具有增强小龙虾体质的功效。

其他常用的中草药有：肉桂、牛至香、益母草、淫羊藿、蓖麻子、苦楝、菖蒲、蒲公英、天麻、茵陈和绞股蓝等。大蒜、生姜、辣椒等也常用来防控小龙虾的细菌性和寄生虫类疾病等。

黄芪（左）、天麻（中）和艾蒿（右）

主要参考文献 MAINREFERENCES

季相山，丁雷，2015. 水产微生态制剂与消毒剂使用手册［M］. 北京：金盾出版社．

江苏省淡水水产研究所，2010. 小龙虾养殖一月通［M］. 北京：中国农业大学出版社．

江苏省淡水水产研究所，2011. 淡水虾养殖一月通［M］. 北京：中国农业大学出版社．

图书在版编目（CIP）数据

小龙虾生态养殖技术有问必答 / 王慧主编 . —北京：中国农业出版社，2020.7

（新时代科技特派员赋能乡村振兴答疑系列）

ISBN 978 - 7 - 109 - 27128 - 9

Ⅰ.①小… Ⅱ.①王… Ⅲ.①龙虾科－淡水养殖－问题解答 Ⅳ.①S966.12 - 44

中国版本图书馆 CIP 数据核字（2020）第 136325 号

中国农业出版社出版

地址：北京市朝阳区麦子店街 18 号楼

邮编：100125

责任编辑：廖 宁

版式设计：王 晨 责任校对：吴丽婷

印刷：北京万友印刷有限公司

版次：2020 年 7 月第 1 版

印次：2020 年 7 月北京第 1 次印刷

发行：新华书店北京发行所

开本：880mm×1230mm 1/32

印张：2.75

字数：100 千字

定价：15.00 元